国家自然科学基金项目（11702094）

页岩可压裂性评价及量化方法研究

隋丽丽 著

中国矿业大学出版社

·徐州·

内 容 简 介

近年中国页岩气快速上产,但由于地面与地下条件复杂,压裂开采技术尚处于发展阶段。本书讨论了页岩气开发的重要评价指标——可压裂性的影响因素及评价方法,并为检验可压裂性评价方法是否有效而引进了岩石裂隙网络的分形量化方法。本书共分3部分,分别是:可压裂性评价方法研究现状、可压裂性评价方法量化模型以及利用分形方法对压裂缝网的量化。本书较为全面地介绍了可压裂性评价的相关理论以及检验方法,希望对我国页岩气开采可以起到借鉴作用。

图书在版编目(CIP)数据

页岩可压裂性评价及量化方法研究/隋丽丽著. —
徐州:中国矿业大学出版社,2020.7
　ISBN 978 - 7 - 5646 - 4782 - 7

　Ⅰ. ①页… Ⅱ. ①隋… Ⅲ. ①油页岩－油气藏－压裂
－研究 Ⅳ. ①TE357.1

中国版本图书馆 CIP 数据核字(2020)第 138168 号

书　　名	页岩可压裂性评价及量化方法研究
著　　者	隋丽丽
责任编辑	王美柱
出版发行	中国矿业大学出版社有限责任公司
	(江苏省徐州市解放南路　邮编 221008)
营销热线	(0516)83884103　83885105
出版服务	(0516)83995789　83884920
网　　址	http://www.cumtp.com　E-mail:cumtpvip@cumtp.com
印　　刷	徐州中矿大印发科技有限公司
开　　本	787 mm×1092 mm　1/16　**印张** 6.25　**字数** 160 千字
版次印次	2020 年 7 月第 1 版　2020 年 7 月第 1 次印刷
定　　价	35.00 元

(图书出现印装质量问题,本社负责调换)

前　言

在我国天然气对外依存度攀升至 45.3% 之际,新浪网 2019 年 8 月 31 日报道,在 2019 年 8 月 30 日举行的第七届亚洲天然气论坛上,中国石油勘探开发研究院院长、中国工程院院士赵文智表示:"我们预测,中国页岩气高峰产量将达到 650 亿立方米/年,预计出现时间在 2030—2035 年。"这则消息是引人关注且振奋人心的。页岩气作为一种重要的非常规天然气资源,给中国能源界带来了极大的希望,激发了国内对页岩气资源的探测及开采动力,已逐渐成为我国天然气产业的核心增长点。

水力压裂作为页岩气开采的主要手段,使页岩气实现了经济化开采,改变了美国的能源状况,其效果主要取决于页岩的天然裂隙以及在高压情况下产生次生裂隙的能力,可压裂性即评价岩石产生裂隙的能力,因此页岩可压裂性评价准确性的验证与岩石裂隙网络的形态息息相关。现场经验告诉我们,即使是同一储层,使用同样的压裂手段,页岩气的采收效果也差别巨大,主要原因之一就是内部裂隙空间结构不同。在进行页岩气开采前,如能对不同区域页岩气甚至是不同岩层的页岩产气出能力进行评价,便可指导优化页岩气设井位置,而不是盲目进行等间隔设井,从而降低设井花销,提高页岩气采收率,这对页岩气开采的压裂井段优选及经济效益预测具有重大意义。

对页岩可压裂性评价结果的准确性进行验证时,根据可压裂性定义——产生次生裂隙的能力,本书采用岩石裂隙量化方式以及量化结果对可压裂性方法进行检验。此外,岩石裂隙网络的准确描述不仅对可压裂性评价有验证作用,对一系列环境工程和地球科学问题的正确判断、预测、合理解释也都有着重大意义。这些问题包括:认识和掌握地震发生机理、地质滑坡影响因素、地下油气资源和地热开采机理与效果的评价方法、CO_2 运移与地质封存机理、地下水与污染物迁移规律等。准确认识和定量表征岩石裂隙网络已经在全世界范围内成了一个研究热点,研究裂隙网络的量化方法对安全施工尤为重要。

本书是以笔者的博士论文为基础撰写的,主线为基于岩石裂隙网络的量化,对提出的页岩可压裂性评价方法进行检验。全书共分 7 章。第 1 章简要介绍了页岩可压裂性与裂隙网络结构量化的研究现状;第 2 章利用多元线性回归分析了岩石裂隙网络分形维数和面密度以及抗压强度的线性相关性,找到分形维数与可压裂性的正相关关系;第 3 章介绍了页岩气的相关知识,包括我国页岩气的预估储量,常用的压裂技术和工艺,目前使用的页岩可压裂性评价方法以及影响页岩可压裂性的相关参数及其影响方向和重要性;第 4、5 章介绍了页岩可压裂性评价方法,其中第 4 章提出了基于模糊综合评价方法利用四个岩石物理力学参数构建的可压裂性评价的量化模型,第 5 章在第 4 章考虑可压裂性相关的四个评价参数基础上增加了内摩擦力和单轴抗压强度两个参数,利用层次分析法对第 4 章中的模糊综合评价方法进行修正,并用真实岩心的压裂缝网的量化结果验证评价结果,对两种方法的评价结果进行比较;第 6 章基于分形的自相似性和长尾分布特征提出了裂隙网络的量化指标——

简易分形指数,用来量化裂隙网络,并检验了简易分形指数与渗透率的关系;第 7 章对岩石裂隙网络分形维数与渗透率的关系进行了初步探寻。

书中页岩可压裂性评价成果是在笔者读博期间取得的,相关研究工作得到了导师鞠杨教授的悉心指导,以及课题组其他成员的大力支持;岩石裂隙网络量化及两者间关联部分内容,是对笔者博士期间研究工作的拓展。领导、同事给予了我相对宽松和积极的科、教研环境,使本书得以成稿,在此深表谢意。在撰写本书过程中得到了王鹤远、李辉强同学的支持和帮助,国家自然科学基金项目和中央高校基本科研业务费专项资金项目为本书出版提供了资金支持。

限于笔者水平,书中的认识或观点难免有不当之处,恳请读者不吝赐教。

著　者

2020 年 5 月

目　　录

第1章 绪 论

页岩气是近十多年来世界上兴起的已进行商业开发的一种非常规天然气资源。涪陵页岩的成功探测及开发给中国能源界带来了极大的希望,激发了国内对天然气资源的探测动力。页岩气的开采对中国的能源、经济都有着巨大的影响,已然成为近年研究热点。水力压裂作为页岩气开采的主要手段,使页岩气实现了经济化开采,改变了美国的能源状况,其效果主要取决于页岩的天然裂隙以及在高压情况下产生次生裂隙的能力[1]。可压裂性即评价岩石产生裂隙的能力,因此页岩可压裂性评价准确性的验证与岩石裂隙网络的形态息息相关。了解岩体裂隙的分布以及清晰准确量化裂隙对于地球物理、采矿、石油工程、水文地质、核废料储存以及非常规能源开采等众多方面都有重要的意义。准确量化可压裂性对提高油气采收率,节约开支有重要指导作用。正确把握、描述岩体中的裂隙网络又可检验可压裂性评价的准确性。

1.1 对页岩可压裂性的认识

1.1.1 可压裂性与裂隙网络结构量化概念

在石油领域中,压裂是指采油或采气过程中,利用水力作用,使油气层形成裂缝的一种方法,又称水力压裂。受黏土矿物发育的影响,页岩储层的孔隙率低,孔隙半径小,孔隙结构复杂,连通性差,渗透率极低,因此,页岩储层需要经过大规模压裂才能具备一定的产能和经济效益[2]。水力压裂作为开采页岩气的一种最为有效的手段正在被广泛使用,尤其在非常规油气储层的开发上更为普遍。水力压裂被认为是可以有效压裂页岩气储层,提高采收率的有效办法,其主要目的是压裂储层,以形成页岩气运移的高传导路径,提高页岩气产量[3-4]。可压裂性是用来评估页岩储层是否具有被压成发育的有效裂隙网络能力的指标,是评价和预测压裂效果的主要指标。可压裂性越好意味着页岩储层越容易被压裂,从而提高页岩气产量,可压裂性已经成为理论上评估页岩储层开采潜力的有效量化指标[5]。页岩的压裂与裂隙网络存在密不可分的关系。裂隙网络越复杂,天然气的渗流能力越强,天然气的产能就越大。

1.1.2 可压裂性与裂隙网络结构关系

由于漫长的地壳运动以及自然界的侵蚀作用,岩石表面以及内部均形成了规模不一、数目繁多的原生裂隙(如成岩裂隙、冷凝裂隙、收缩裂隙等)或次生裂隙(如构造裂隙、风化裂隙、溶蚀裂隙、重力裂隙等)。从岩石整体的角度来看,其内部裂隙纵横交错,形成了一个复杂而又广泛的流体储存以及流动的构造体系,储层岩石裂隙可为地下水、矿液、石油、天然气、瓦斯、放射性物质提供运移通道和储聚场所[6-7],同时也影响着岩体的物理、化学及力学性质[8-9]。岩体结构的稳定性及力学性质,都与裂隙的数量、尺度、分布形式息息相关。裂隙结构是非常规能源开采的重要考量指标,也是水库和大坝等工程的隐患[10-12]。随着经济社会的发展,我国对能源的需求极大。传统能源储量的减少,以及涪陵页岩的成功探测都促进了对非常规天然气资源的开发动力,人们已经发现掌握岩石裂隙特征对能源开采、工程稳定等很多工程现象及科技问题都起着至关重要的作用,因此一直在探索裂隙的准确量化方式。此外,在裂隙媒介中,渗流主要发生在裂隙中,因而,岩体中的渗流实质上可归结为裂隙网络渗流的问题,渗流主要受岩体中的裂隙几何分布状态影响。通过渗流分析,可研究岩体内渗流要素,从而根据实际情况采取相应措施,以确保工程的安全[13-14]。

近年来,许多国家包括美国、法国、加拿大和瑞典等,正热评岩体中永久存储核废料的问题。目前核废物一般储存于地下,利用人为工程和地质体做屏障,防止放射性核素影响人类的生活环境。放射性废物处置库一般都建在基岩中,如花岗岩、盐岩和泥质岩等,在这些基岩中,裂隙是核污染向环境迁移的最主要通道。在自然条件下,地下水是可能使核素迁移的唯一介质,而地下水是通过裂隙流通的,因而在研究如何避免核废料的传递扩散时,需要考虑的第一个问题就是裂隙结构的识别[15-16]。

1.2　页岩可压裂性研究现状

1.2.1　脆性理论与可压裂性

在可压裂性研究的起初阶段,大部分学者认为储层的脆性即岩石的可压裂性,只利用脆性因素这一个参数来评估非常规页岩储层的可压裂性[17-19]。他们认为脆性指数越高,储层越容易被压裂产生发育缝网。

随着脆性理论研究的深入,多达数十种脆性指数评价方法相继被提出,多数学者认为脆性是与岩石矿物含量相关的,主要取决于岩石中的碳酸盐和石英含量与黏土矿物含量的相对量[20]。例如,C. H. Sondergeld 等提出利用页岩中石英含量计算脆性指数的公式[21];D. M. Jarvie 等也利用石英矿物在石英、黏土、碳酸盐三种矿物中的含量作为脆性指数[22];F. P. Wang 等提出在脆性指数计算中,除了石英之外,白云石对脆性影响也很大,因此在计算公式中使用白云石和石英两种矿物含量来计算脆性指数[23]。

岩土力学方面的学者则提出基于岩石弹性性质量化脆性的方法[24]。随着对可压裂性研究的深入,越来越多的学者发现可压裂性不只受材料脆性影响,还有其他因素对可压裂性起着至关重要的影响。R. M. Göktan 发现除了脆性指标外,比能也是在对可压裂性进行评价时需要重点考虑的一个因素[25]。M. B. Enderlin 等[26]和 M. J. Daniel 等[27]分别提出可压裂性应该是脆性和延展性的函数,因为高脆性储层可能同时具备高能障,这就会导致储层是高脆性的,但可压裂性很低的情况。X. C. Jin 等综合考虑储层的脆性和能量耗散,构建了可压裂性评价模型[28]。W. L. Ding 等把可压裂性评价指标分为两类,即结构因素和非结构因素,定量定性分析了各个可压裂性影响因素的不同作用[29]。J. C. Guo 等则利用储层的内摩擦角、断裂韧性和脆性三个因素评价可压裂性,并且把高内摩擦角作为可压裂性的负向影响因素[30]。

　　然而,更多的学者持有相反观点,他们认为内摩擦角应该作为可压裂性的正向影响因素,即内摩擦角越大,可压裂性越好[31-32]。唐颖等提出利用四种岩石储层参数对可压裂性进行评价,四种参数分别是脆性指数、石英含量、天然裂隙、成熟度[33]。袁俊亮等将弹性模量、泊松比、岩石的抗压强度这三种参数作为独立变量对可压裂性进行评价[34]。郭天魁等为了找出可压裂性评价因素,利用储层裂隙网络的分形维数对各因素影响结果进行分析,验证了岩石脆性、硬度、储层沉积作用可以作为可压裂性评价因素,但没给出具体的各影响因素构成的量化结果[35]。D. B. Wang 等则综合考虑脆性、天然裂隙、应力敏感度以及声发射这些因素,提出综合可压裂性评价模型,但在模型建立过程中,没有考虑各因素影响差异,而按照各因素对可压裂性的影响是等效的进行量化[36]。

1.2.2　可压裂性评价方法的发展局限

　　尽管岩石可压裂性评价方法在蓬勃发展,但现有方法中存在很多矛盾,如选取评价因素上的不同,甚至同一因素都会被当作不同的影响因子,这主要是由于技术上的局限以及现场开采岩心所需的昂贵费用,没有足够的岩心作为试验材料,辅以提出量化结果[15,37]。

　　此外,学者们已认识到要找到一个有效的页岩可压裂性评价方法尚存在很多需要解决的问题。首先,在评价可压裂性时,现有研究对参数的选取相对随机,且缺乏理论指导,尚未得到一种普遍适用的量化方法。其次,建立一个量化模型高度依赖繁杂的试验结果。这些问题使现有可压裂性量化模型的应用有局限性。因此,为提出一个简单便利的可压裂性量化模型,各影响因素的正负向影响,以及影响权重的大小都需要仔细考虑。本书首先使用模糊综合评价方法基于四个主要的影响因素构建了可压裂性的评价模型,但评价效果与裂隙量化结果出入较大,随后把影响因素从四个扩充到六个,逐步充分考虑对可压裂性有影响的因素,基于统计学的层次分析法提出了简便的量化模型,并利用计盒维数检验了可压裂性评价结果的准确性。

1.3　裂隙网络结构量化研究现状

1.3.1　裂隙结构的识别技术

　　最初岩石裂隙的获取都是通过人工进行实地测量的,既危险、耗时,同时针对岩石表面的人工测量也无法深入细节,观测结果不准确。随着能源勘探领域不断在深度和广度上的加深加大,以及电子设备的普遍使用,裂隙识别方法逐步多样化。如测井技术,即井中地球物理勘探,已有数十年历史,它将地质信息转换成物理信号[38-39]。

　　测井技术已广泛用于裂隙识别技术中,根据提取的参数不同,可利用电成像、声波和倾角等测井资料识别裂隙,利用成像、双侧向测井资料可获取裂隙开度、裂隙孔隙率等参数,利用成像、倾角等测井资料可定量评价裂隙方位及倾角信息[40]。测井能够对复杂裂隙进行比较准确、直观、全面的描述,但现场操作有测速低、成本高、工作量大等弊端,并且测井解释都是针对测试间距的平均值给出的,只能表示裂隙的平均状态,而且成像测井一般只能描述二维裂隙,要获得三维信息,需要将常规测井获得的一维信息和成像测井获得的二维信息结合起来[41-42]。实验室岩心测试法可以弥补测井工作量大、成本高、测速低的这些缺点[43]。当前在对实验室岩心进行裂隙分析时,主要有用于探测裂纹扩展的声发射(acoustic emission,AE)技术[44-45]、观察表层裂隙的扫描电子显微镜(scanning electron microscope,SEM)技术[46-47]、需要把岩石切片的聚焦离子切割与扫描电子显微镜相结合的超高精度岩石三维结构信息获取(focused ion beam-scanning electron microscope,FIB-SEM)技术[48-51]以及能够探测内部裂隙信息且能描述最终裂隙状态的计算机层析成像(computed tomography,CT)无损探测技术[52-53]。

CT 技术能准确地再现物体内部的三维立体结构,能定量地提供物体内部的物理、力学特性,如缺陷的位置及尺寸、密度的变化及水平、异型结构的形状及精确尺寸、物体内部的杂质及分布等。工业 CT 主要用于工业产品的无损检测和探伤,根据被检工件的材料及尺寸选择不同能量的 X 射线。由于工业 CT 的射线可以深入岩心内部,且能够无损地观察到裂隙的三维空间变化,并具有快速、精确、自动化、无损伤等优点,工业 CT 已在实验室尺度被广泛应用于岩石裂隙识别[54-56]。

CT 的工作原理是利用射线穿过密度不同物体的强度会不同,反映出不同的电信号即不同的 CT 数,找到 CT 数和密度的变化关系式,根据密度值得到研究对象的组织结构[57]。层析的意思是根据需要将物体按照若干薄层的形式逐层进行扫描,利用检测器接收射线信号,再把每层信息重叠在一起,得到研究物体的三维结构信息。本书选用 CT 技术对实验室岩心裂隙进行提取,使用中国矿业大学(北京)煤炭资源与安全开采国家重点实验室的型号为 ACTIS 300-320/225 的工业 CT 设备(图 1-1)。

（a）控制系统　　　　　　　　　　（b）扫描设备

图 1-1　CT 设备系统

1.3.2　扫描图像处理方法

CT 获得的图像是对应岩石内部不同密度有不同的 CT 值的灰度图,8 位图像素点灰度取值范围为 0~255,共 266 个级别。0 代表黑色,255 代表白色,中间值代表由黑色过渡到白色的颜色,裂隙区域是密度最小区域,呈黑色。在提取裂隙时,为了更好地表征裂隙,使裂隙结构清晰,并能够导入软件对裂隙图片进行后处理计算,需要把 CT 扫描得到的图像进行二值化处理。二值化处理的基本原理是找到合适的阈值对图像进行分割,将阈值以上的灰度值转换为白色,代表岩石基质,灰度值在阈值以下的转换成黑色,代表裂隙,从而实现对裂隙和基质的显著区分[58]。由于扫描图像经常会包含噪点、尾影等误差,需要采用合适的分割手段以进行合理的二值化分割,图像分割已经是图像处理的一个研究课题,算法已达千余种[59-60]。其中比较有代表性的包括 A. Kitamoto 等在分割卫星图像中云相和海相时提出的极大似然阈值法[61]，使类内方差最小化的全局处理的大津法[62]，局部处理的克里格法[63]和马尔可夫随机场法[64]。全局算法能够更好地反映图像的整体特征，局部处理算法能够局部降低扫描图像中噪点带来的影响。

本书使用的是全局分割的大津法，先利用 MATLAB 软件的内嵌函数 greyscale 计算出全局最优阈值，再利用 im2bw 函数根据图像分割阈值进行二值化处理。

1.3.3 裂隙网络的数学描述方法

如 1.2.1 小节所述，裂隙网络的量化对很多工程问题的认识和合理判断至关重要，准确的量化可指导油气开采、地震灾害预测、核废料的封存等，它们都依赖裂隙网络的准确量化结果。针对考察的侧重点选用合理的数学方法对裂隙网络进行表征对工程问题的经济效益有巨大影响。通过调研发现，目前使用较多的数学量化方法主要可分为五大类：统计学方法、分形几何法、体视学方法、拓扑方法以及图论方法。

（1）统计学方法

统计学方法是研究分布情况的基本方法，也是量化裂隙网络的基本数学方法，几乎所有裂隙描述方法都包含统计内容，因为岩石裂隙不可能逐条描述[65]。即使现在裂隙网络的探测方法在大幅更新，像工业 CT 的观测尺度已经达到微米级，仍然有观测不到的裂隙结构。因此，从数据角度讲，无论是微观尺度还是宏观尺度，获取到的裂隙数据只能是统计意义上的数据，描述裂隙的方法皆基于统计数据进行。但本章所说的统计是指根据已有的分布函数或分布状态来预测或研究裂隙相关参数。

裂隙产状、迹长、宽度以及密度等是研究裂隙几何特征时的几种重要的传统几何参数，不仅能展现三维空间中的裂隙特征，还能反映裂隙的组合关系、发育程度以及结构[66]。人们通常利用正态分布或指数分布来描述裂隙迹长和产状[67]。倾向和倾角是描述裂隙产状的两个主要参数[68]。在统计方法中，学者们都是去寻找能够描述裂隙几何参数的已知分布。如 P. H. S. W. Kulatilake 研究了费歇尔分布模型，利用双变量费歇尔分布描述了裂隙产状特征[69]；S. M. Miller 等发现裂隙产状通常服从指数分布或正态分布[70]；W. S. Dershowitz 等在对比野外地质数据和拟合数据后，认为费歇尔分布和宾汉姆分布更为贴合[71]；更多的统计学家认为这些裂隙几何参数服从韦伯分布[72-74]；也有学者发现有些裂隙网络模型服从高斯分布（正态分布）或均匀分布[75-76]。

在裂隙产状的统计研究中，通常把裂隙产状统计状态分成一个或多个主要方向，分组后，作出每组倾向和倾角的分布直方图，然后根据直方图的变化趋势拟合得出产状参数的概率密度函数。利用统计方法量化岩石裂隙产状，关于测量数据的统计分析早在 20 世纪 30 年代就开始了。目前，广泛使用的描述裂隙产状的步骤是[77]：① 使用电子扫描设备或声发射裂隙探测设备等获取裂隙几何形状电子图，对图像处理后，利用程序获取产状统计数据；② 根据统计数据，画出等密度图和产状的玫瑰花图；③ 根据裂隙产状统计图，对裂隙进行分组；④ 画出每组裂隙产状的直方图，根据直方图趋势给出相应拟合概率分布函数，并对整体裂隙产状进行预测。简言之，就是根据观察到的几组裂隙样本分布曲线，找到形状相似的已知分布模型描述每组裂隙网络的分布。

裂隙产状的统计研究有很多成功应用，如 Y. F. Tang 等成功地利用裂隙产状函数预测了垂直裂隙产状[78]；S. A. Shedid 调查了裂隙产状对油储的影响，发现裂隙倾角越大，注水回收率越低[79];M. M. Rahman 等发现裂隙产状对水力压裂演化有极大影响[80]。

事实上,统计学中描述裂隙其他几何参数的步骤也跟裂隙产状类似[81-82]。主要思路就是根据扫描设备捕获到的统计数据,导出裂隙长度、宽度、密度等参数的直方图,然后根据统计分布结果找到变化趋势一致或相似的已知分布曲线,利用已知分布规律代表整体裂隙产状分布规律。

统计学是裂隙研究的基础,即用与样本数据相似的分布代表整个裂隙分布。但是利用样本相似分布代表整体分布将会带来误差,且把这种有误差的数据应用于和裂隙相关的物理力学计算中会带来更大的偏差。统计方法适用于了解裂隙网络的大概分布情况,宏观把握裂隙状态。

（2）分形几何法

传统几何描述之下,像云、山、海岸线或树这样的不规则图形的形状不能被表达出来。继 B. Mandelbrot 于 1967 年发表关于海岸线有多长的论文后,用来量化上述不规则物体的分形几何诞生[83]。分形几何是欧式几何的补充和推广,就像数域的扩充一样,是根据描述的需要应运而生的。分形一直被当作一种描述不规则不光滑的自然物体的有力工具[84]。岩石裂隙网络形状不规则且复杂,分形在裂隙描述上很有价值。

自 C. C. Barton 等提出利用分形几何量化二维裂隙网络的迹长后[84],分形几何已经被广泛应用于裂隙描述[85-86]。P. R. la Pointe 提出确定裂隙密度相关指数的方法,并且计算了基质岩块分布的分形维数,指出裂隙的分形特征可以预测裂隙的连续性[87]。还有一些学者计算了裂隙中点的分形维数,如 G. Yamamato 计算了代表裂隙密度和空间分布的裂隙中点分布的分形维数[88],R. L. Kranz 计算了裂隙中点的聚类维数[89]。此后,大量学者也发现了裂隙网络的统计自相似性等分形特征[67,90-94]。也有学者把分形方法应用于研究与孔隙率和渗透率的关系[95-96]。

在利用分形几何法研究二维和三维裂隙网络时,通常使用计盒维数和关联维数,其中计盒维数原理简单,计算简便,便于应用[97-98]。裂隙网络的计盒维数可通过式（1-1）算出:

$$D_{\mathrm{B}} = -\lim_{\delta_k \to 0} \frac{\ln N_{\delta_k}}{\ln \delta_k} \tag{1-1}$$

式中,D_{B} 为裂隙网络的计盒维数;δ_k 为用盒子进行第 k 次覆盖时的盒子边长;N_{δ_k} 为第 k 次覆盖时使用的盒子数目;k 代表第 k 次覆盖。在具体工程实践中,裂隙的计盒维数计算是基于 CT 扫描的裂隙图像二值化后的结果图的。确定出每一步覆盖裂隙的盒子数目以及边长,双对数曲线 $\ln \delta_k$-$\ln N_{\delta_k}$ 的斜率的相反数即裂隙网络的计盒维数[99],图 1-2 展示了计盒维数的计算概要。

O. Bour 等认为利用关联维数可以很方便地进行试验测量,所以它更适合描述自然数集[100]。关联维数可由式（1-2）算出:

$$D_{\mathrm{C}} = -\lim_{r \to 0} \frac{\ln C(r)}{\ln r} \tag{1-2}$$

式中,$C(r)$ 是整个数据集中点对距离小于 r 的点对数与总点对数之比[101]。

然而,无论是计盒维数还是关联维数,在工程应用中的计算都是利用最小二乘法拟合出分形维数结果,拟合出的结果不稳定且失真。最小二乘法的原理是找到最好的拟合函数 $y = ax + b$,使得试验结果和拟合出的经验结果差值的平方最小[102]。在计算计盒维数和

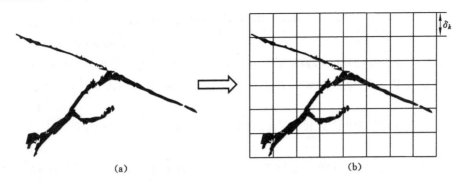

图 1-2　二维图像的计盒维数计算概要

关联维数时,因变量分别是 $\ln N_r$ 和 $\ln C(r)$,自变量都是长度对数[103]。如果在计算时选取的节点不同,将会有不同的回归结果,而这样引起的结果振荡会使得计算得到的分形维数不稳定。例如,在图 1-3 所示的裂隙分形维数计算中,如果节点数目选取的不同,得到的分形维数就会不同。两幅裂隙图是取自土耳其西南部的盖尔门哲克的大理石照片,引自文献[104],文中用来验证所提出的渗透率和分形维数关联性的准确性。

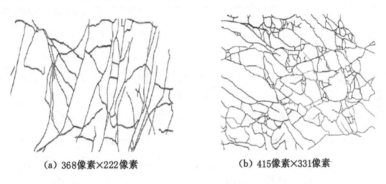

(a) 368像素×222像素　　　　　　(b) 415像素×331像素

图 1-3　两幅 2-D 裂隙图[104]

利用最小二乘法将图 1-3 中的两幅图的分形维数进行回归计算,选用 8～12 个节点的数据(表 1-1)回归出双对数曲线。其中,"edge"是用来覆盖裂隙的盒子的边长 r,"number"是相应的用来覆盖的盒子数目 N。分形维数就是双对数曲线的斜率的相反数[见式(1-1)和式(1-2)]。利用不同节点数目回归得到的分形维数如图 1-4 所示。由图 1-4 可看出,选用不同节点数,得到的回归分形维数不同,且变化趋势并不稳定。其中,图 1-4(a)是图 1-3(a)中去掉后面若干节点,选取前面 8 个、9 个、10 个、11 个、12 个节点利用最小二乘法得到的回归结果;图 1-4(b)是图 1-3(a)中去掉前面若干节点利用最小二乘法得到的回归结果。图 1-4(a)中显示选 9 个节点和 12 个节点所获得的分形维数差值要比选 8 个节点和 12 个节点的差值小。但随着节点数目从 8 个增加到 12 个,分形维数结果的差距并不是一直在减小。选 9 个节点所计算得到的分形维数并未比选 10 个节点所计算得到的分形维数更精确。从这个结果中并没发现节点数目越多,结果越精确的迹象。而如按图 1-4(a)标准选定 9 个节点为回归节点数,此时图 1-4(b)中的分形维数小于 1,与线的分形维数在 1～2 之间这个结论矛盾,并且在回归时尚未得出要获取更精确回归结果,节点取法的优选标准。

表 1-1　图 1-3 中计算计盒维数的相关参数

图 1-3(a)		图 1-3(b)	
edge	number	edge	number
222	1	331	1
111	4	165.5	4
55.5	16	82.75	16
27.75	48	41.38	51
13.88	91	20.69	114
6.94	126	10.34	176
3.47	187	5.17	262
1.73	284	2.59	398
0.87	572	1.29	729
0.43	1 387	0.65	1 626
0.22	4 050	0.32	4 305
0.11	13 340	0.16	13 635

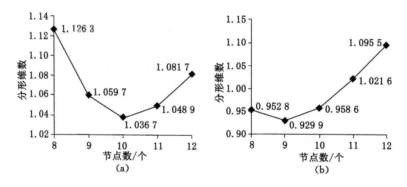

图 1-4　不同节点数回归得到的分形维数

分形维数理论上的确可以描述裂隙的复杂性和不规则性,并且能够量化裂隙网络覆盖空间的程度。然而实践中分形维数的应用在计算结果上存在偏差,导致导出分形维数与力学参数关系式的不稳定性。因此,很有必要找到一种能够刻画图像分形信息的新方法。

（3）体视学方法

体视学方法是通过观察一维截线或二维截面,寻找规律,来推演三维量化信息的方法[105]。C. Darcel 等利用体视学方法结合幂率分布[106],分析了分形裂隙网络的三维架构和低维情况的关联性,文中研究方法的基本根据是戴维(Davy)提出的幂率公式:

$$n(l,L) = \alpha L^{D} l^{-a} \tag{1-3}$$

式中,l 是裂隙长度;L 是整个裂隙研究区域的边长;$n(l,L)$ 是长度的概率密度函数;a 是指数;D 是分形维数;α 是常数。其中,a 和 D 的影响效果如图 1-5 所示。长裂隙所占的比例增加会使指数 a 减小,且裂隙聚集程度会随裂隙分形维数 D 的减小而增大。

在关于体视学方法的文献[106]中,C. Darcel 等利用二维露头和一维扫描线数据导出

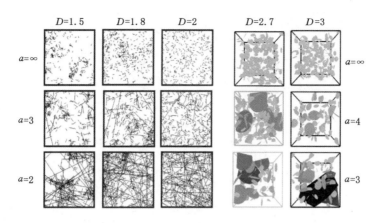

图 1-5　参数对裂隙分布的影响[103]

了三维裂隙长度分布和分形维数,并推导出母本和样品之间的长度分布关系,为 $a_{3-D} = a_{1-D} + 2$。关系式与分形维数无关。同时,C. Darcel 等在文中也推导出了作为母本空间的二维空间或三维空间和一维或二维的样本空间的分形维数关系。关系式不够稳定,将会随着长度指数变化而变化。有时是 $D_{d-1} = D_d - 1$,有时是 $D_{d-1} = d - 1$。并且这种关系式的要求很苛刻,在很严格的条件下才成立,这使其在工程领域的应用范围严重受限。如果能够利用体视学方法得到一个确定的关于分形几何维数的函数关系,即只需要根据扫描线或截面信息便可获知三维裂隙网络结构,这将大大提高研究效率,将三维复杂问题降维到二维或一维直观信息上。

（4）拓扑方法

“拓扑”这个词取自希腊语,词义是地势图或地势。根据原始含义,拓扑可以用来描述地理相关信息。拓扑是研究连续变形下空间的不变性的。著名的欧拉与柯尼斯堡七桥问题是拓扑学的研究开端。现在利用拓扑方法描述裂隙网络的研究刚刚兴起,但随着裂隙网络的分形特征的发现,裂隙网络也被看作复杂系统,拓扑学开始被用来描述自然工程社会科学中的复杂网络[107-109]。L. Valentini 等利用拓扑的全局连通性和局部尺度对天然岩石裂隙网络进行了分析,发现其具有自然网络的“小世界”的拓扑性质[110]。D. J. Sanderson 等也对岩石裂隙网络进行了分析,认为在裂隙网络结构问题上,裂隙网络的拓扑信息要比几何信息更为重要[111],如图 1-6 所示。D. J. Sanderson 等还用裂隙中的三种节点描述裂隙的拓扑特征。

D. J. Sanderson 等在文中还利用三种节点（I 型节点、Y 型节点、X 型节点）的比例描述研究了裂隙网络的拓扑特征。分支数目占总的线形数目的比例可以通过式子 $N_B/N_L = (4 - 3P_I - P_Y)/(P_I + P_Y)$ 求出,其中 P_I, P_Y, P_X 代表三种类型节点所占的比例（图 1-7）。

拓扑方法可以提炼出裂隙结构信息骨架,简单的骨架可以减少一些问题中的关于裂隙网络的冗余信息。在研究不是和每条裂隙的具体形状相关的问题时,拓扑方法是很便利的。拓扑方法可以保留有用信息,就像城市地铁线路图一样,乘客不会关心每条具体线路的形状,更关心的是怎样换乘,因此线路图中需要保留线路之间的交点和交点之间的线路情况,而线路究竟是直的还是弯曲的形状是可以省略的,这种情况就可以使用拓扑方法提取出必要的信息,而去掉此问题中无用信息,使问题简单直观地呈现出来。同样地,拓扑方法在提炼出裂隙骨架以获取裂隙间的具体连通状态,减少裂隙信息存储空间的同时,使裂隙结构清

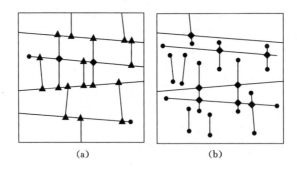

图 1-6　两个拓扑结构不同而几何信息相同的裂隙网络[111]

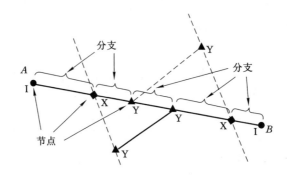

图 1-7　裂隙中的 I 型节点、Y 型节点和 X 型节点[111]

晰易懂,便于研究与裂隙连通相关的问题。

（5）图论方法

图论方法在研究网络相关系统方面优点显著[112]。之前拓扑被认为是组合数学或者拓扑学的一部分,现在图论由于强大的应用效用,已经独立成为数学中的一门学科。图论已在地震学、气候学、水文学等地形学中有很广泛的应用[113-115]。图论中的图是指由节点和边所构成的数据集。节点可以代表复杂网络中的研究对象,边代表研究对象之间的关系,节点之间有关系,则节点之间有连线。图论中,通常用邻接矩阵表示网络中结构信息,利用节点度、聚集系数等参数来量化裂隙网络[116-117]。

在图论的裂隙网络研究中,节点代表裂隙,边代表裂隙之间的连通关系,聚集系数表示节点之间的连通度。节点 A 的"邻居"代表和节点 A 连通的节点,即与节点 A 之间有连线的节点集合。如果节点 A 有 k 个邻居节点,邻居节点之间的边数最大值是 m,节点 A 的聚集系数 C_A 为[118-119]:

$$C_A = \frac{m}{k(k-2)/2} \tag{1-4}$$

整个裂隙网络的聚集系数 C 由裂隙网络中所有节点的聚集系数的平均值计算而得:

$$C = \frac{1}{n} \sum_{i=1}^{n} C_i \tag{1-5}$$

邻接矩阵是裂隙网络拓扑结构的具体量化结果,聚集系数表征节点之间的连通度。邻接矩阵含有 n^2 个元素,元素 a_{ij} 代表节点 i 和节点 j 是否连通。如果节点 i 和节点 j 是连通的,则系数 a_{ij} 等于 1,否则取值为 0。邻接矩阵可以详细地表述网络中连通的状态。如

图 1-8 中的裂隙网络,其邻接矩阵结果如表 1-2 所示。

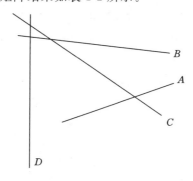

图 1-8 裂隙网络的连通关系示意图

表 1-2 图 1-8 的邻接矩阵结果

	A	B	C	D
A	1	0	1	0
B	0	1	1	1
C	1	1	1	1
D	0	1	1	1

图论中的量化参数表征裂隙之间的连通关系,但不表征图论中裂隙的具体形状。因此在研究裂隙之间的连通关系且不需要关心裂隙的形状的问题时,图论方法量化参数是很有用且有效的。

上述方法综述中的拓扑和图论方法通过提取裂隙网络的结构框架,可以让研究目的与具体裂隙形状无关的问题的研究对象凸显,去掉冗余信息。这两种方法适用于和裂隙具体形状无关的研究情形。两种方法都可以得到裂隙网络的连通量化结果。图论方法中的邻接矩阵信息全,便于计算。

统计学方法、分形几何法以及体视学方法都是通过量化裂隙网络的具体几何特征参数对裂隙进行描述的,如长度、体积或产状这些参数。其中,统计学方法可以描述这些参数的大概分布趋势,可以对裂隙状态有一个宏观了解;体视学方法则利用维数之间的规律,根据裂隙网络在低维空间的形态,寻找裂隙网络在高维空间的分布状态;分形几何法在理论上可以描述裂隙网络的复杂性、不规则性以及对空间的覆盖程度,但工程实践中的基于最小二乘法的回归结果不够稳定。

参 考 文 献

[1] RAHM D. Regulating hydraulic fracturing in shale gas plays:the case of Texas[J]. Energy policy,2011,39(5):2974-2981.

[2] 包书景,翟刚毅,唐显春,等. 页岩矿物岩石学[M]. 上海:华东理工大学出版社,2016.

[3] TANG X M,XU S,ZHUANG C X,et al. Assessing rock brittleness and fracability from radial variation of elastic wave velocities from borehole acoustic logging[J].

Geophysical prospecting,2016,64(4):958-966.

[4] GALE J F W,REED R M,HOLDER J. Natural fractures in the Barnett Shale and their importance for hydraulic fracture treatments[J]. AAPG bulletin,2007,91(4):603-622.

[5] SUI L L,JU Y,YANG Y M,et al. A quantification method for shale fracability based on analytic hierarchy process[J]. Energy,2016,115:637-645.

[6] 盛金昌,速宝玉. 裂隙岩体渗流应力耦合研究综述[J]. 岩土力学,1998,19(2):92-98.

[7] LIU J,ELSWORTH D,BRADY B H. Linking stress-dependent effective porosity and hydraulic conductivity fields to RMR[J]. International journal of rock mechanics and mining sciences,1999,36(5):581-596.

[8] KASSNER M E,NEMAT-NASSER S,SUO Z G,et al. New directions in mechanics [J]. Mechanics of materials,2005,37(2/3):231-259.

[9] 王卫星. 基于紫外光和可见光的岩体节理裂隙图像获取[J]. 金属矿山,2006(3):18-21.

[10] JIANG G P,SHI W,HUANG L L. Fractal analysis of permeability of unsaturated fractured rocks[J]. The scientific world journal,2013(1):80.

[11] VUJEVIĆ K,GRAF T,SIMMONS C T,et al. Impact of fracture network geometry on free convective flow patterns[J]. Advances in water resources,2014,71:65-80.

[12] LI Y R,HUANG R Q. Relationship between joint roughness coefficient and fractal dimension of rock fracture surfaces[J]. International journal of rock mechanics and mining sciences,2015,75:15-22.

[13] 柴军瑞,徐维生. 大坝工程渗流非线性问题[M]. 北京:中国水利水电出版社,2010.

[14] NELSON P H. Pore-throat sizes in sandstones,tight sandstones,and shales[J]. AAPG bulletin,2009,93(3):329-340.

[15] MATTILA J,TAMMISTO E. Stress-controlled fluid flow in fractures at the site of a potential nuclear waste repository,Finland[J]. Geology,2012,40(4):299-302.

[16] POETER E P. Characterizing fractures at potential nuclear waste repository sites with acoustic waveform logs[R]. [S. l.],1987.

[17] 胡永全,贾锁刚,赵金洲,等. 缝网压裂控制条件研究[J]. 西南石油大学学报(自然科学版),2013,35(4):126-132.

[18] HOLT R M. Brittleness of shales:relevance to borehole and collapse and hydraulic fracturing[J]. Journal of petroleum science and engineering,2015,131:200-209.

[19] RASSENFOSS S. Search for elusive sweet spots is changing reservoir evaluation[J]. Journal of petroleum technology,2015,67(9):52-57.

[20] BULLER D,HUGHES S,MARKET J,et al. Petrophysical evaluation for enhancing hydraulic stimulation in horizontal shale gas wells[C]//The SPE Annual Technical Conference and Exhibition Held in Florence,2010.

[21] SONDERGELD C H,NEWSHAM K E,RICE M C,et al. Petrophysical considerations in evaluating and producing shale gas resources[C]//Evaluating and Producing Shale Gas Resources,2010.

[22] JARVIE D M，HILL R J，RUBLE T E，et al. Unconventional shale-gas systems：the Mississippian Barnett Shale of north-central Texas as one model for thermogenic shale-gas assessment[J]. AAPG bulletin，2007，91(4)：475-499.

[23] WANG F P，GALE J F W. Screening criteria for shale-gas systems[J]. Gulf Coast Association of Geological Societies Transactions，2009，59：779-793.

[24] GRIESER W V，BRAY J M. Identification of production potential in unconventional reservoirs[R]. [S. l.]，2007.

[25] GÖKTAN R M. Brittleness and micro-scale rock cutting efficiency[J]. Mining science and technology，1991，13(3)：237-241.

[26] ENDERLIN M B，ALSLEBEN H，BEYER J A. Predicting fracability in shale reservoirs[C]//AAPG Annual Conference and Exhibition：Making the Next Giant Leap in Geosiences. Houston，2010.

[27] DANIEL M J，RONALD J H，TIM E R. A comparative study of the Mississippian Barnett Shale，Fort Worth Basin，and Devonian Marcellus Shale，Appalachian Basin [J]. AAPG bulletin，2007，91(4)：475-499.

[28] JIN X C，SHAH S N，ROEGIERS J C，et al. Fracability evaluation in shale reservoirs：an integrated petrophysics and geomechanics approach[J]. SPE journal，2014，20(3)：518-526.

[29] DING W L，LI C，LI C Y，et al. Dominant factor of fracture development in shale and its relationship to gas accumulation[J]. Geoscience frontiers，2012，3(1)：97-105.

[30] GUO J C，LUO B，ZHU H Y，et al. Evaluation of fracability and screening of perforation interval for tight sandstone gas reservoir in western Sichuan Basin[J]. Journal of natural gas science and engineering，2015，25：77-87.

[31] HUCKA V，DAS B. Brittleness determination of rocks by different methods[J]. International journal of rock mechanics and mining sciences & geomechanics abstracts，1974，11(10)：389-392.

[32] MULLEN M J，ENDERLIN M B. Fracability index：more than just calculating rock properties[M]. [S. l. ：s. n.]，2012.

[33] 唐颖，邢云，李乐忠，等. 页岩储层可压裂性影响因素及评价方法[J]. 地学前缘，2012，19(5)：356-363.

[34] 袁俊亮，邓金根，张定宇，等. 页岩气储层可压裂性评价技术[J]. 石油学报，2013，34(3)：523-527.

[35] 郭天魁，张士诚，葛洪魁. 评价页岩压裂形成缝网能力的新方法[J]. 岩土力学，2013，34(4)：947-954.

[36] WANG D B，GE H K，WANG X Q，et al. A novel experimental approach for fracability evaluation in tight-gas reservoirs[J]. Journal of natural gas science and engineering，2015，23：239-249.

[37] 孟召平，刘翠丽，纪懿明. 煤层气/页岩气开发地质条件及其对比分析[J]. 煤炭学报，2013，38(5)：728-736.

[38] 邓攀,陈孟晋,高哲荣,等. 火山岩储层构造裂缝的测井识别及解释[J]. 石油学报,2002,23(6):32-36.

[39] 原宏壮,陆大卫,张辛耘,等. 测井技术新进展综述[J]. 地球物理学进展,2005,20(3):786-795.

[40] 陈义国. 裂缝的测井识别与评价方法研究[D]. 青岛:中国石油大学(华东),2010.

[41] CHENG B L,夏竹君,王东生,等. 运用双电层模型分析薄储集层[J]. 测井与射孔,2005(1):32-39.

[42] KUBIK W,LOWRY P. Fracture identification and characterization using cores,FMS,CAST,and borehole camera:devonian shale,pike County,Kentucky[C]//Society of Petroleum Engineers. Low Permeability Reservoirs Symposium. Denver,1993.

[43] 高霞,谢庆宾. 储层裂缝识别与评价方法新进展[J]. 地球物理学进展,2007,22(5):1460-1465.

[44] 段东,赵阳升,冯小静,等. 泥岩实时细观破坏过程及其声发射事件产生机制研究[J]. 中国矿业大学学报,2015,44(1):29-35.

[45] LOCKNER D. The role of acoustic emission in the study of rock fracture[J]. International journal of rock mechanics and mining sciences & geomechanics abstracts,1993,30(7):883-899.

[46] 邓林红,王锐,陈园园. 基于电子扫描的 Image J 图像处理系统在多孔材料中的应用[J]. 传感器与微系统,2012,31(5):150-152.

[47] DOWSON A L,HALLIDAY M D,BEEVERS C J. In-situ SEM studies of short crack growth and crack closure in a near-alpha Ti alloy[J]. Materials and design,1993,14(1):57-59.

[48] DESBOIS G,URAI J L,KUKLA P A,et al. High-resolution 3D fabric and porosity model in a tight gas sandstone reservoir:a new approach to investigate microstructures from mm- to nm-scale combining argon beam cross-sectioning and SEM imaging[J]. Journal of petroleum science and engineering,2011,78(2):243-257.

[49] KELLER L M,HOLZER L,WEPF R,et al. 3D geometry and topology of pore pathways in Opalinus clay:Implications for mass transport[J]. Applied clay science,2011,52(1/2):85-95.

[50] KELLER L M,HOLZER L,WEPF R,et al. On the application of focused ion beam nanotomography in characterizing the 3D pore space geometry of Opalinus clay[J]. Physics and chemistry of the earth:parts A/B/C,2011,36(17/18):1539-1544.

[51] KELLER L M,SCHUETZ P,ERNI R,et al. Characterization of multi-scale microstructural features in Opalinus Clay[J]. Microporous and mesoporous materials,2013,170:83-94.

[52] 李廷春. 三维裂隙扩展的 CT 试验及理论分析研究[D]. 武汉:中国科学院研究生院(武汉岩土力学研究所),2005.

[53] ZHAN X,SCHWARTZ L,SMITH W,et al. Pore scale modeling of rock properties and comparison to laboratory measurements[C]//Society of Exploration

Geophysicists. SEG Technical Program Expanded Abstracts,2009.

[54] ALAJMI A F,GRADER A S. Analysis of fracture-matrix fluid flow interactions using X-ray CT [C]//Society of Petroleum Engineers. SPE Eastern Regional Meeting. Morgantown,2000.

[55] RAVESTEIN T. Fraccability determination of a Posidonia Shale Formation analogue through geomechanical experiments and micro-CT fracture propagation analysis[R]. Delft University of Technology,2014.

[56] SOCHOR M R,WEBBER P,BEDNARSKI B,et al. 3D CT imaging versus plain X-ray in diagnosis of rib fractures in lateral impact crashes[C]//47th Annual Proceedings Association for the Advancement of Automotive Medicine,2003.

[57] 敖波,张定华,赵歆波,等.CT 图像中裂纹缺陷的理论分析[J].CT 理论与应用研究, 2005,14(4):10-16.

[58] 郑江韬.低渗透岩石的应力敏感性与孔隙结构三维重构研究[D].北京:中国矿业大学 (北京),2016.

[59] 崔冰.复杂岩石节理裂隙图像处理及几何复杂度分析[D],重庆:重庆邮电大学,2007.

[60] PAL N R,PAL S K. A review on image segmentation techniques[J]. Pattern recognition,1993,26(9):1277-1294.

[61] KITAMOTO A,TAKAGI M. Image classification using probabilistic models that reflect the internal structure of mixels[J]. Pattern analysis and applications,1999, 2(1):31-43.

[62] SUND T,EILERTSEN K. An algorithm for fast adaptive image binarization with applications in radiotherapy imaging[J]. IEEE transactions on medical imaging,2003, 22(1):22-28.

[63] OH W,LINDQUIST B. Image thresholding by indicator kriging [J]. IEEE transactions on pattern analysis and machine intelligence,1999,21(7):590-602.

[64] BRÉMAUD P. Markov fields on graphs[J]. Discrete probability models and methods, 2017,78:215-253.

[65] LIU X Y,ZHANG C Y,LIU Q S,et al. Multiple-point statistical prediction on fracture networks at Yucca Mountain[J]. Environmental geology,2009,57(6): 1361-1370.

[66] SMITH L,SCHWARTZ F W. An analysis of the influence of fracture geometry on mass transport in fractured media[J]. Water resources research,1984,20(9): 1241-1252.

[67] WATANABE K,TAKAHASHI H. Fractal geometry characterization of geothermal reservoir fracture networks[J]. Journal of geophysical research:solid earth,1995, 100(B1):521-528.

[68] CURTIS J W. The effect of pre-orientation on the fracture properties of glassy polymers[J]. Journal of physics D:applied physics,1970,3(10):1413-1422.

[69] KULATILAKE P H S W. Bivariate normal distribution fitting on discontinuity

orientation clusters[J]. Mathematical geology,1986,18(2):181-195.

[70] MILLER S M,BORGMAN L E. Spectral-type simulation of spatially correlated fracture set properties[J]. Journal of the international association for mathematical geology,1985,17(1):41-52.

[71] DERSHOWITZ W S,EINSTEIN H H. Characterizing rock joint geometry with joint system models[J]. Rock mechanics and rock engineering,1988,21(1):21-51.

[72] FANG Z, HARRISON J P. Development of a local degradation approach to the modelling of brittle fracture in heterogeneous rocks[J]. International journal of rock mechanics and mining sciences,2002,39(4):443-457.

[73] GUPTA V,BERGSTRÖM J S. Compressive failure of rocks by shear faulting[J]. Journal of geophysical research:solid earth,1998,103(B10):23875-23895.

[74] TANG C M. Numerical simulation of progressive rock failure and associated seismicity[J]. International journal of rock mechanics and mining sciences, 1997, 34(2):249-261.

[75] HAZZARD J F, YOUNG R P, MAXWELL S C. Micromechanical modeling of cracking and failure in brittle rocks[J]. Journal of geophysical research:solid earth, 2000,105(B7):16683-16697.

[76] KATSMAN R,AHARONOV E,SCHER H. Numerical simulation of compaction bands in high-porosity sedimentary rock[J]. Mechanics of materials, 2005, 37 (1): 143-162.

[77] ZHANG W,CHEN J P,ZHANG W,et al. Determination of critical slip surface of fractured rock slopes based on fracture orientation data [J]. Science China technological sciences,2013,56(5):1248-1256.

[78] TANG Y F,LIU Y W,LIU X W,et al. Prediction of application scope of vertical fracture strike based on scattered wave fracture orientation function[J]. Global geology,2015(1):49-53.

[79] SHEDID S A. Influences of fracture orientation on oil recovery by water and polymer flooding processes:an experimental approach[J]. Journal of petroleum science and engineering,2006,50(3/4):285-292.

[80] RAHMAN M M,AGHIGHI M A,RAHMAN S S,et al. Interaction between induced hydraulic fracture and pre-existing natural fracture in a poro-elastic environment: effect of pore pressure change and the orientation of natural fractures[C]//Society of Petroleum Engineers. Asia Pacific Oil and Gas Conference & Exhibition. Jakarta,2009.

[81] SEN Z, KAZI A. Discontinuity spacing and RQD estimates from finite length scanlines[J]. International journal of rock mechanics and mining sciences & geomechanics abstracts,1984,21(4):203-212.

[82] WALLIS R F, KING M S. Discontinuity spacings in a crystalline rock [J]. International journal of rock mechanics and mining sciences & geomechanics

abstracts,1980,17(1):63-66.

[83] MANDELBROT B. How long is the coast of britain? statistical self-similarity and fractional dimension[J]. Science,1967,156(3775):636-638.

[84] BARTON C C,LARSEN E. Fractal geometry of two-dimensional fracture networks at Yucca Mountain,southwestern Nevada:proceedings[R]. [S. l.],1985.

[85] 谢和平. 分形几何及其在岩土力学中的应用[J]. 岩土工程学报,1992,14(1):14-24.

[86] 谢和平,PARISEAU W G. 岩爆的分形特征和机理[J]. 岩石力学与工程学报,1993, 12(1):28-37.

[87] LA POINTE P R. A method to characterize fracture density and connectivity through fractal geometry[J]. International journal of rock mechanics and mining sciences & geomechanics abstracts,1988,25(6):421-429.

[88] YAMAMATO G. Fractal clustering of rock fractures and its modeling using cascade process [J]. International journal of rock mechanics and mining sciences & geomechanics abstracts,1994,31(2):A66.

[89] KRANZ R L. Fractal point patterns and fractal fracture traces[C]//American Rock Mechanics Association. 1st North American Rock Mechanics Symposium. Austin,1994.

[90] CHELIDZE T,GUEGUEN Y. Evidence of fractal fracture[J]. International journal of rock mechanics and mining sciences & geomechanics abstracts,1990,27(3):223-225.

[91] JR ANDREDE J S,OLIVEIRA E A,MOREIRA A A,et al. Fracturing the optimal paths[J]. Physical review letters,2009,103(22):225503.

[92] BONNET E,BOUR O,ODLING N E,et al. Scaling of fracture systems in geological media[J]. Reviews of geophysics,2001,39(3):347-383.

[93] VELDE B,DUBOIS J,MOORE D,et al. Fractal patterns of fractures in granites[J]. Earth and planetary science letters,1991,104(1):25-35.

[94] VIGNES-ADLER M,LE PAGE A,ADLER P M. Fractal analysis of fracturing in two African regions,from satellite imagery to ground scale[J]. Tectonophysics,1991, 196(1/2):69-86.

[95] YU B,LEE J L,CAO H. Fractal character of pore microstructures of texile fabrics [J]. Fractals London,2001,9(2):155-164.

[96] MIAO T J,YU B M,DUAN Y G,et al. A fractal analysis of permeability for fractured rocks[J]. International journal of heat and mass transfer,2015,81:75-80.

[97] JU Y,ZHENG J T,EPSTEIN M,et al. 3D numerical reconstruction of well-connected porous structure of rock using fractal algorithms[J]. Computer methods in applied mechanics and engineering,2014,279:212-226.

[98] CARPINTERIA,CORRADO M. An extended(fractal) overlapping crack model to describe crushing size-scale effects in compression[J]. Engineering failure analysis, 2009,16(8):2530-2540.

[99] SUI L L,JU Y,YANG Y M,et al. A quantification method for shale fracability based

on analytic hierarchy process[J]. Energy,2016,115:637-645.

[100] BOUR O,DAVY P. Clustering and size distributions of fault patterns: theory and measurements[J]. Geophysical research letters,1999,26(13):2001-2004.

[101] GRASSBERGER P,PROCACCIA I. Measuring the strangeness of strange attractors [J]. Physica D:nonlinear phenomena,1983,9(1/2):189-208.

[102] CHEN S, BILLINGS S A, LUO W. Orthogonal least squares methods and their application to non-linear system identification[J]. International journal of control, 1989,50(5):1873-1896.

[103] FARLIE D J. Prediction and regulation by linear least-square methods[J]. Journal of the operational research society,1964,15(4):410-411.

[104] JAHANDIDEH A, JAFARPOUR B. Optimization of hydraulic fracturing design under spatially variable shale fracability[J]. Journal of petroleum science and engineering,2016,138:174-188.

[105] GUNDERSEN H J, BENDTSEN T F, KORBO L, et al. Some new, simple and efficient stereological methods and their use in pathological research and diagnosis [J]. APMIS,1988,96(5):379-394.

[106] DARCEL C,BOUR O,DAVY P. Stereological analysis of fractal fracture networks [J]. Journal of geophysical research:solid earth,2003,108(B9):2451.

[107] LATORA V,MARCHIORI M. Is the Boston subway a small-world network? [J]. Physica A:statistical mechanics and its applications,2002,314(1/2/3/4):109-113.

[108] RAVASZ E,BARABASI AL. Hierarchical organization in complex networks[J]. Physical review E,2003,67(2):39-66.

[109] BOCCALETTI S, LATORA V, MORENO Y, et al. Complex networks: structure and dynamics[J]. Physics reports,2006,424(4/5):175-308.

[110] VALENTINI L, PERUGINI D, POLI G. The "small-world" topology of rock fracture networks[J]. Physica A:statistical mechanics and its applications,2007, 377(1):323-328.

[111] SANDERSON D J, NIXON C W. The use of topology in fracture network characterization[J]. Journal of structural geology,2015,72:55-66.

[112] WATTS D J. The New Science of Networks[J]. Annual review of sociology,2004, 30(1):243-270.

[113] ABE S, SUZUKI N. Complex-network description of seismicity [J]. Nonlinear processes in geophysics,2006,13(2):145-150.

[114] POULTER B,GOODALL J L,HALPIN P N. Applications of network analysis for adaptive management of artificial drainage systems in landscapes vulnerable to sea level rise[J]. Journal of hydrology,2008,357(3/4):207-217.

[115] TSONIS A A,SWANSON K L,ROEBBER P J. What do networks have to do with climate? [J]. Bulletin of the American meteorological society,2006,87(5):585-596.

[116] VAN WIJK B C M,STAM C J,DAFFERTSHOFER A. Comparing brain networks

of different size and connectivity density using graph theory[J]. Plos one, 2010, 5(10):e13701.

[117] HECKMANN T, SCHWANGHART W, PHILLIPS J D. Graph theory: recent developments of its application in geomorphology[J]. Geomorphology, 2015, 243: 130-146.

[118] ALBERT R, BARABASI AL. Statistical mechanics of complex networks [J]. Reviews of modern physics, 2002, 74(1):47.

[119] GHAFFARI H O. Fracture networks: analysis with graph theory, LBM and FEM [R]. DBLP, 2011:1-23.

第 2 章　岩石可压裂性与分形描述方法关系研究

岩石可压裂性的定量评价是非常规油气资源开采中一个重要且复杂的问题,通过岩石力学特性分析,得出岩石可压裂性,从而更准确地评判非常规油气资源的开采价值。本章利用已有岩心试验数据,考虑岩石的岩性及压裂裂隙的分形特征,初步建立了岩石压裂裂隙的分形维数、岩石抗压强度和裂隙面密度之间的定量关系;并根据所采岩心,利用自行开发的软件计算出其压裂后分形维数,验证了裂隙越复杂,分形维数越大的结论;提出采用压裂裂隙的分形维数来表征岩石的可压裂性,为定量分析和评价岩石可压裂性与储层开采价值提供了一个新的思路。

2.1　可压裂性与分形描述关系概述

岩石可压裂性在非常规油气资源开采中具有十分重要的意义[1-2],可压裂性直接影响储层产量和最终采收率,同时也是评判油气藏开采价值的定量指标之一。

岩石可压裂性是指岩石能够被有效压裂的能力,目前国内外尚未有一个被广泛接受的准确的定量评价指标[3]。通常认为,决定岩石可压裂性的因素很多,它是岩石地质环境、储层特征的综合反映,主要与地应力、岩石抗压强度、石英含量、天然裂缝及成岩作用等因素有关[4-6]。由于需要考虑多种因素的综合影响,准确定量地评价岩石可压裂性的难度较大,如能减少所考虑因素的个数,则问题可简化。

分形,具有以非整数维形式充填空间的形态特征,通常被定义为"一个粗糙或零碎的几何形状,可以分成数个部分,且每一部分都(至少近似地)是整体缩小后的形状",即具有自相似的性质。分形(fractal)一词,是芒德勃罗(B. B. Mandelbrot)创造出来的,其原意具有不规则、支离破碎等意义。1973 年,芒德勃罗在法兰西学院讲课时,首次提出了分维和分形的设想。

分形是一个数学术语,也是一套以分形特征为研究主题的数学理论。分形理论既是非线性科学的前沿和重要分支,又是一门新兴的横断学科,是研究一类现象特征的新的数学分支学科。相对几何形态,它与微分方程与动力系统理论的联系更为显著。分形的自相似特征可以是统计自相似,构成分形也不限于几何形式,时间过程也可以,故而与鞅论关系密切。

分形在力学领域的应用已经很普遍,谢和平早在 1993 年就已讨论了损伤断裂的分形描述[7];梁忠雨等利用声发射信号测定了单轴压缩下岩石裂纹的分形维数[8];高保彬等利用三轴压缩试验验证了煤样在不同围压下破裂过程中分形维数的变化规律[9]。这些研究都说明了岩石的裂隙具有分形特征,但目前还没有把分形维数用于可压裂性的定量评价的应用。

本书通过试验验证了岩石裂隙越复杂,分形维数越大这一结论;并利用文献[10]中9种岩心的实测数据,考虑岩石的岩性及压裂裂隙的分形特征,建立了压裂裂隙的分形维数、岩石抗压强度和裂隙面密度之间的定量关系;并用实验室自主研发的程序计算了3组岩心的分形维数,进而提出一种新的用压裂裂隙分形维数来定量评价岩石可压裂性的发展方向,它为定量分析和评价岩石可压裂性与储层开采价值提供了一个新的思路。

2.2　页岩可压裂性的影响因素

可压裂性是页岩在水力压裂中具有能够被有效压裂的能力的性质,是页岩开发中最关键的评价参数。页岩的岩石力学性质是进行压裂设计必须考虑的重要因素,并且它影响储层改造时水力压裂裂缝的方向、长度、形态等特征。因此,对页岩岩石力学性质的准确表征是水力压裂成功的关键。表征页岩岩石力学性质的参数包括弹性模量、泊松比、地应力特征、页岩强度等,在本节中主要介绍页岩脆性、单轴抗压强度、裂隙密度和裂隙的分形描述。

2.2.1　页岩脆性

页岩脆性是影响页岩可压裂性最重要的因素[3],页岩脆性可对压裂产生的诱导裂缝的形态产生很大的影响。塑性页岩泥质含量较高,压裂时相对容易产生塑性变形,从而形成简单的裂缝网络;而脆性页岩石英等脆性矿物含量较高,压裂时相对容易形成复杂的裂缝网络。因此,页岩的脆性越高,压裂形成的裂缝网络越复杂,页岩的可压裂性也就越高。表征页岩脆性的主要岩石力学参数是弹性模量和泊松比:弹性模量与页岩脆性正相关,弹性模量越高,页岩脆性越强,弹性模量反映了页岩被压裂后保持裂缝的能力;而泊松比与页岩脆性负相关,泊松比越低,页岩脆性越强,泊松比反映了页岩在压力下破裂的能力。脆性大小使用脆性指数定量表示,计算公式如下:

$$B = \frac{E_n + \nu_n}{2} \tag{2-1}$$

$$E_n = \frac{E_c - 1}{8 - 1} \times 100\% \tag{2-2}$$

$$\nu_n = \frac{\nu_c - 0.4}{0.15 - 0.4} \times 100\% \tag{2-3}$$

式中,E_c 为静态弹性模量,10 GPa;ν_c 为静态泊松比,无量纲;E_n 为归一化的弹性模量,无量纲;ν_n 为归一化的泊松比,无量纲;B 为脆性指数,无量纲。

2.2.2　单轴抗压强度

抗压强度是页岩气开发阶段的压裂强度计算的重要参数,对页岩气资源开发具有重要意义。页岩岩石强度,包括抗压、抗拉、抗剪强度及岩石破坏、断裂的机理和强度准则。室内常用压力机、直剪仪、扭转仪及三轴仪等仪器,做直剪试验和三轴试验,以确定强度参数。岩石的单轴抗压强度是岩石重要的物理力学性能之一,是岩石工程研究、设计、施工和生产中不可或缺的力学参数。岩石的单轴抗压强度就是岩石试件在单轴压缩载荷下达到破坏前所能承受的最大压应力,或称为非限制性抗压强度[11]。岩石可压裂性与断裂韧性呈负相关关系[12]，而页岩韧性又可由抗压强度表征，抗压强度越大，页岩韧性越强，可压裂系数越小，即岩石抗压强度越大，越不容易被压裂形成有效裂隙，因此抗压强度是页岩可压裂性的一个负向因子。我国习惯于将单轴抗压强度表示为 σ_c，其值等于达到破坏时的最大轴向压力（P）除以试件的横截面积（A），即

$$\sigma_c = \frac{P}{A} \tag{2-4}$$

2.2.3 裂隙密度

裂隙密度是衡量储层岩石裂隙发育程度的重要指标[13]，是一个直观和相对稳定的参数。裂隙密度一般可分为线密度、面密度和体密度等三类。

线密度是指微裂隙与垂直于该组裂隙的单位测线上的交点数，线密度是与测量线段相正交的裂隙的数目与此线段长度的比值，可表达为：

$$D_{fl} = \frac{N}{L}$$

式中，D_{fl} 为裂隙线密度；N 为与测量线段相正交的裂隙的数目；L 为裂隙长度。裂隙线密度为相对密度，因此它不能全面地反映裂隙的实际分布情况，一般不使用线密度作为研究参数。

体密度是指单位体积内裂隙总表面积，体密度是测量体积内所有裂隙总表面积与测量体体积的比值，可表达为：

$$D_{fv} = \frac{\sum S_n}{V}$$

式中，D_{fv} 为裂隙体密度；$\sum S_n$ 为裂隙总表面积；V 为测量体体积。虽然体密度能够真实反映裂隙的密度，但难以测量，所以本书并不使用其作为研究参数。

面密度是指单位面积内裂隙的长度，为裂隙总长度与流动横截面上基质总面积的比值，可表达为[14]：

$$D_{fs} = \frac{L}{S} \tag{2-5}$$

式中，D_{fs} 为裂缝面密度；$L = \sum_{i=1}^{n} l_i$，为裂隙总长度；l_i 为各裂隙的长度；S 为基质总面积。考虑面密度既容易测量，又能较好地反映裂隙发育和岩石碎裂的程度[14-16]，因此将面密度作为本书的研究参数。且应有如下规律：岩石脆性越强，裂隙越发育，裂隙的面密度越大。

2.2.4 裂隙的分形描述

大量的现场观测与实验室研究表明：岩石裂隙结构粗糙、裂隙分布不规则，具有分形特征，很难用经典的几何语言来描述裂隙的粗糙结构与不规则分布特征[17-19]。分形几何学是20世纪70年代诞生的一门数学分支，它是继非欧几何创立之后几何学史上的又一次重大革命。分形几何学是一门以不规则几何形态为研究对象的几何学。由于不规则现象在自然界普遍存在，分形几何学又被称为描述大自然的几何学。分形几何学建立以后，很快就引起了各个学科领域的关注。不仅在理论上，而且在实用上分形几何都具有重要价值。相比传统的几何和统计学描述方法，裂隙的分形描述包含更多的裂隙信息，能更贴切地反映裂隙的粗糙性及分布的不规则性。

目前,针对岩石裂隙常用的分形描述方法有面积周长法、盒维数法、指数频谱法和变差函数法等,其中盒维数法由于操作的便利性被广泛采用。在分形几何中,盒维数也称为计盒维数、闵可夫斯基维数,盒维数法是一种测量距离空间 (X,d)(特别是豪斯多夫空间)比如欧氏空间 R 中分形维数的计算方法。盒维数法是采用裂隙分形维数来表征裂隙不规则性质的主要方法之一[20],该法计算简便,容易理解。

要计算分形 S 的维数,你可以想象一下把这个分形放在一个均匀分割的网格上,数一数最少需要几个格子来覆盖该分形。通过对网格的逐步精化,查看所需覆盖数目的变化情况,从而计算出计盒维数。假设当格子的边长是 ε 时,总共把空间分成 N 个格子,那么计盒维数就是:

$$\dim_{box}(s) = \lim_{\varepsilon \to 0} \frac{\lg N(\varepsilon)}{\lg(1/\varepsilon)}$$

图 2-1 解释了采用盒维数法计算平面裂隙分形维数的基本方法[21]:用 N_η 表示覆盖曲线的边长为 η 的正方形盒子的个数,可得面积为 $N_\eta \eta^2$,这样可得曲线的盒维数:

$$D = \frac{\ln N_\eta}{\ln \frac{1}{\eta}} \tag{2-6}$$

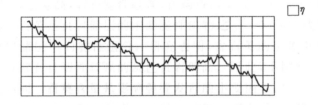

图 2-1　粗糙裂隙曲线的盒维数计算方法

测量岩石裂隙盒维数的一般步骤是:先利用无损伤和探伤的技术(如 CT 扫描)获取岩石内部裂隙结构图像,将图像进行预处理,获取包含裂隙几何信息的二值化图;其次用边长为 η 的正方形盒子去分格覆盖裂隙图像,得到覆盖裂隙的边长为 η 的正方形盒子个数 N_η,利用最小二乘法拟合得到 $\ln N_\eta - \ln \eta$ 分布直线,这条直线斜率的相反数即该裂隙分形维数。

2.3　多元线性回归分析结果

多元线性回归方法是研究一个随机变量(因变量)与另一个或一组变量(自变量)的相依关系的统计分析方法。在进行线性回归时自变量与因变量之间是线性关系的回归[22]。多元线性回归分析方法是处理与多个自变量有关的变量问题时使用的方法,由多个自变量的最优组合共同来预测或估计因变量,这种分析方法比只用一个自变量进行预测或估计更贴合实际,也更为有效[23]。

由于各个自变量的单位可能不一样,比如说一个关于消费水平的关系式,工资水平、受教育程度、职业、地区、家庭负担等因素都会影响消费水平,而这些影响因素(自变量)的单位显然是不同的,因此自变量前系数的大小并不能说明该因素的重要程度。更简单地说,同样工资收入,如果用元为单位就比用百元为单位所得的回归系数要大,但是工资水平对消费的影响程度并没有变,所以得想办法将各个自变量化到统一的单位上来。一般多元线性回归模型建立过程表示如下。

2.3.1 模型的建立

以二元线性回归模型为例,二元线性回归模型如下:

$$y_i = b_0 + b_1 x_1 + b_2 x_2 + \mu_i$$

类似地,使用最小二乘法进行参数估计:

$$\sum y = n b_0 + b_1 \sum x_1 + b_2 \sum x_2$$

$$\sum x_1 y = b_0 \sum x_1 + b_1 \sum x_1^2 + b_2 \sum x_1 x_2$$

$$\sum x_2 y = b_0 \sum x_2 + b_1 \sum x_1 x_2 + b_2 \sum x_2^2$$

2.3.2 拟合优度指标

标准误差:对 y 值与模型估计值之间的离差的一种度量。其计算公式为:

$$SE = \sqrt{\frac{\sum (y - y')^2}{n - 3}}$$

2.3.3 置信区间

置信区间的公式为:

$$置信区间 = y' \pm t_p SE$$

式中,t_p 是自由度为 $n-k$ 的 t 统计量数值表中的数值;n 是观察值的个数;k 是包括因变量在内的变量的个数。

对文献[10]中测量计算出来的 9 块岩心的岩石抗压强度、岩石裂隙的分形维数以及面密度这三个参数值进行分析,其中分形维数和面密度都是对岩心进行无声破碎剂致裂法压裂后所形成裂隙形态的描述。根据前面所述,岩石抗压强度是岩石可压裂性的一个重要影响因素,抗压强度越小,岩石可压裂性越好;分形维数和面密度都是岩石可压裂性的表征参数,可压裂性越好,岩石压出的裂隙越多越复杂。因此,可以初步判断这三个参数间应该都是正向关系。现寻找将三个参数的关系有机整合起来的方法,为岩石可压裂性评价方法精简参数。以往的评价方法,都需要考虑很多个岩石参数的影响,需要考虑各因素的影响权重,这使得问题复杂性加大。如能找到可以用多个参数来表征一个参数的简单关系,则可精简参数。

既然察觉到岩石抗压强度、分形维数和面密度这三个参数之间的紧密联系,我们拟把容易测量的分形维数作为因变量,利用多元线性回归分析来寻找和验证关于岩石抗压强度、分形维数和面密度这三个参数关系的判断。相关参数取值如表 2-1 所示。

多元线性回归分析的原理和方法与一元线性回归分析基本相同,但多元线性回归分析有多个自变量,不能用散点图来表示变量之间的关系,且计算难度要高于一元线性回归分析。很多统计软件都可以进行多元线性回归分析,本章利用人们熟悉的 Excel 的 Linest 函数结合数组公式的输入,方便地得到我们需要的回归系数和统计值[24]。回归结果如表 2-2 至表 2-4 所示。

表 2-1　9 块岩心岩石试样的参数值

岩心编号	岩性	岩心深度/m	分形维数	面密度/m	抗压强度/MPa
1	花岗岩	露头	1	9.3	163.0
2	碳酸盐岩	露头	1.107 9	25.6	133.7
3	砂岩	1 664	1.017 7	14.8	148.2
4	砂岩	1 545	1.007	17.2	22.3
5	砂岩	2 896	1	10.8	112.6
6	细砂岩	1 804	1.043 6	20.6	36.3
7	细砂岩	1 444	1.086	24.8	62.5
8	水泥		1.086	18.6	42.1
9	页岩	2 713	1.124 7	31.1	78.2

表 2-2　回归统计结果

相关系数	0.923 584 233
判定系数	0.853 007 835
修正的判定系数	0.804 010 447
标准误差	0.021 800 504
观测值数量/个	9

表 2-3　方差分析结果

	自由度	平方和	检验统计量 F	临界显著性水平 p 值
回归分析	2	0.017	17.409	0.003
残差	6	0.003		
总计	8	0.020		

表 2-4　回归系数

	回归系数	标准误差	检验统计量 t	临界显著性水平 p 值	下限(95.0%置信区间)	上限(95.0%置信区间)
截距	0.913 00	0.031 30	29.199 970	$1.069\ 090\ 000 \times 10^{-7}$	0.836 70	0.989 70
面密度	0.006 70	0.001 70	5.736 889	0.001 218 779	0.003 80	0.009 40
抗压强度	0.000 13	0.000 15	0.821 291	0.442 882 409	−0.000 26	0.000 50

根据表 2-4 中的回归系数，可得回归结果：

$$D = b_0 + b_1 D_{fs} + b_2 \sigma_c = 0.913 + 0.006\ 7 D_{fs} + 0.000\ 13 \sigma_c \tag{2-7}$$

式中，D 为分形维数；σ_c 为岩石抗压强度；D_{fs} 为面密度。由结果可以看出，相对抗压强度，岩石的面密度对分形维数的影响权重更大。

从表 2-2 中可以读出这个线性回归结果的相关系数为 0.923 584 233，说明线性回归结果的可靠性在 92% 以上；判定系数为 0.853 007 835，表明在分形维数的变动中，有 85% 可由抗压强度和面密度这两个因素的变动来解释,只有不到 15% 的变动属于随机误差。平均分形维数的估计标准误差为 0.021 800 504。

表 2-3 中 $F=17.409$,且在显著性水平 $\alpha=0.05$ 下,由 F 表可查得 $F_{0.05}(2,6)=5.14$,$F>F_{0.05}(2,6)$,这表明样本的回归结果是显著的,由此判断已建立的二元线性回归模型有效。综上,多元线性回归分析很好地证实了分形维数可以作为岩石抗压强度和面密度的一个表征结果。这意味着在岩石可压裂性评价中,涉及抗压强度和面密度作为影响因素的判断方法,可以把两个参数的综合体现用一个分形维数刻画,并且说明了其合理性和正确性,可以在实际工程中推广使用。本书作者针对胜利油田所取岩心做过单轴压缩试验,并利用中国矿业大学(北京)煤炭资源与安全开采国家重点实验室的工业 CT 设备完成岩体裂隙的扫描,经过对扫描图像处理(图 2-2),计算出 3 块岩心的分形维数依次是 1.15、1.19、1.24,从而验证了岩石裂隙的复杂程度越高,其分形维数越大的结论;而岩石可压裂性越好,压出的裂隙条数越多,裂隙密度越大、越复杂。故分形维数可以作为可压裂性评价参数。

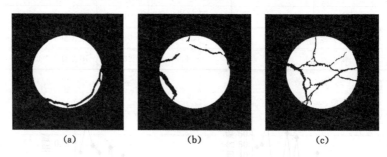

(a)　　　　　　　　(b)　　　　　　　　(c)

图 2-2　3 块压裂岩心扫描图片二值化后结果

参 考 文 献

[1] SONDERGELD C H, NEWSHAM K E, COMISKY J T, et al. Petrophysical considerations in evaluating and producing shale gas resources[R]. [S. l.],2010.

[2] CHONG K K, GRIESER W V, JARIPATKE O A, et al. A completions roadmap to shale-play development: a review of successful approaches toward shale-play stimulation in the last two decades[C]//Society of Petroleum Engineers. International Oil and Gas Conference and Exhibition in China. Beijing,2010.

[3] 唐颖,邢云,李乐忠,等. 页岩储层可压裂性影响因素及评价方法[J]. 地学前缘,2012,19(5):356-363.

[4] MATTHEWS H L,SCHEIN G W,MALONE M R. Stimulation of gas shales:they are all the same? right? [C]//Society of Petroleum Engineers. SPE Hydraulic Fracturing Technology Conference. College Station,2007.

[5] BRITT L K,SCHOEFFLER J. The geomechanics of a shale play:what makes a shale prospective[C]//Society of Petroleum Engineers. SPE Eastern Regional Meeting. Charleston,2009.

[6] DENNIS D. Thirty years of gas shale fracturing:what have we learned[J]. Journal of petroleum technology,2010:88-90.

[7] 谢和平.分形最新进展与力学中的分形[J].力学与实践,1993(2):9-18.

[8] 梁忠雨,高峰,蔺金太,等.单轴下岩石声发射参数的分形特征[J].力学与实践,2009,31(1):43-46.

[9] 高保彬,李回贵,于水军,等.三轴压缩下煤样的声发射及分形特征研究[J].力学与实践,2013,35(6):49-54.

[10] 郭天魁,张士诚,葛洪魁.评价页岩压裂形成缝网能力的新方法[J].岩土力学,2013,34(4):947-954.

[11] 蔡美峰.岩石力学与工程[M].北京:科学出版社,2002.

[12] 袁俊亮,邓金根,张定宇,等.页岩气储层可压裂性评价技术[J].石油学报,2013,34(3):523-527.

[13] 孟庆峰,侯贵廷,潘文庆,等.岩层厚度对碳酸盐岩构造裂缝面密度和分形分布的影响[J].高校地质学报,2011(3):462-468.

[14] 杨海军,侯贵廷,肖中尧,等.致密砂岩构造裂缝的评价标准及应用-以库车坳陷东部致密砂岩为例[J].地球科学前沿,2012,2(3):117-124.

[15] BARTON N,CHOUBEY V. The shear strength of rock joints in theory and practice [J]. Rock mechanics,1977,10:1-54.

[16] 张鹏,侯贵廷,潘文庆,等.新疆柯坪地区碳酸盐岩对构造裂缝发育的影响[J].北京大学学报(自然科学版),2011,47(5):831-836.

[17] MERCERON T,VELDE B. Application of Cantor's Method for fractal analysis of fractures in the Toyoha Mine,Hokkaido,Japan[J].Journal of geophysical research: solid earth,1991,96(B10):16641-16650.

[18] BORODICH F M. Some fractal models of fracture[J].Journal of the mechanics and physics of solids,1997,45(2):239-259.

[19] XIE H P,WANG J A,KWAŚNIEWSKI M A. Multifractal characterization of rock fracture surfaces[J]. International journal of rock mechanics and mining sciences, 1999,36(1):19-27.

[20] CHARKALUK E,BIGERELLE M,IOST A. Fractals and fracture[J]. Engineering fracture mechanics,1998,61(1):119-139.

[21] 曾文曲.《分形几何:数学基础及其应用》评介[J].应用数学,1994(4):498-499.

[22] 盛骤,谢式千,潘承毅.概率论与数理统计[M].3 版.北京:高等教育出版社,2001.

[23] 高平.EXCEL 在多元线性回归分析中的应用[J].青海统计,2006(12):27-29.

[24] 梁运江,尹英敏.利用 EXCEL 函数实现多元线性回归的简单方法[J].计算机与农业,2003(9):38.

第3章 页岩气开采相关问题的分析

页岩气勘探始于美国,自 20 世纪 80 年代从理论上认识到了泥页岩对天然气的吸附机理以来,美国拉开了页岩气勘探开发的序幕。据探测,中国的页岩气储量非常丰富,具有广阔的前景。页岩气的开采对中国的能源、经济都有着巨大的影响,已然成为近年研究热点。

3.1 页岩气概况

3.1.1 页岩气简介

天然气是国民经济发展的战略资源,需求越来越大,常规天然气的可采资源在不断减少。国务院办公厅印发的《能源发展战略行动计划(2014—2020 年)》,制定了 2020 年我国能源发展的总体目标、战略方针和重点任务,要求加快常规天然气勘探开发的同时重点突破页岩气和煤层气开发,页岩气、煤层气产量分别力争超过 $3.0 \times 10^{10} \, \text{m}^3$,我国已将页岩气开发作为国家能源战略重点[1]。

页岩气是近十多年来世界上兴起的已进行商业开发的一种非常规天然气资源,是从页岩层中开采出来的天然气。页岩气主体以吸附或游离状态存在于高碳泥岩、粉砂质岩及页岩类储层中,可在有机成因的各种阶段生成。页岩气储层有机质丰富,渗透率极低,页岩气很难在储层中流动。页岩气的开发具有生产周期和开采寿命都长的特点,大部分页岩气田开采寿命一般可达 $30 \sim 50$ 年、分布范围广、厚度大且普遍含气,这使得页岩气井能够长期地以稳定的速率产气[2]。

我国涪陵页岩的成功探测及开发给中国能源界带来了极大的希望,增强了国内对页岩气资源的探测动力。页岩气的开采对我国的能源、经济都有着巨大的影响。相比美国来说,我国页岩气开采仍处于起步探索阶段,还有很长的艰难道路需要前行。目前,在页岩气开采阶段主要存在以下问题:

① 页岩气试井解释和产能评价;

② 单井产气量,产气规律的掌握;

③ 页岩气藏各井段压裂效果准确评价及产量贡献评价技术尚需要建立和完善。

3.1.2 页岩气储量分析

全球页岩气资源丰富,有数据显示全球常规天然气可采储量为 $1.87 \times 10^{14} \, \text{m}^3$,而页岩气技术可采资源量为 $1.87 \times 10^{14} \, \text{m}^3$,两者大致相当。这说明实现页岩气的有效开采对人类能源问题的解决有相当重要的意义[2]。美国能源信息署（Energy Information Administration，EIA）的一项研究表明，中国页岩气储量高达 $3.61×10^{13}$ m³，是美国储量的 1.5 倍[3]。全球页岩气储量排在前 9 名的国家如表 3-1 所示，仅就储量而言，我国遥遥领先。

表 3-1　2011 年美国能源信息署（EIA）公布的页岩气可采储量排名前 9 的国家[3]

国家	页岩气可采储量/（$×10^{12}$ m³）
中国	36.10
美国	24.41
阿根廷	21.92
墨西哥	19.28
澳大利亚	11.21
加拿大	10.99
利比亚	8.21
阿尔及利亚	6.51
巴西	6.40

2018 年《BP 世界能源统计年鉴》公布的数据与上述数据基本一致，只是在以上国家中增加了南非，其页岩气储量约为 $1.4×10^{13}$ m³。

3.2　可压裂性评价概述

水力压裂作为页岩气的开采手段，其效果主要取决于页岩在高压情况下产生次生裂隙的能力，即可压裂性[4-5]。可压裂性决定了页岩气的初始产量及最终采收率，选择可压裂性大的岩层区域进行设井开采将会大大提升页岩气的采收率。因此，页岩可压裂性的评价对开采岩层的优化选择及预测经济效益都有重要意义。

目前，岩石可压裂性还是一个很新的名词，由于取心的高昂费用以及实验室设备的限制，关于可压裂性的研究还不多。在可压裂性的研究过程中，有很长一段时间，人们只用脆性这一个因素来刻画页岩储层的可压裂性[6-9]，他们认为脆性高的页岩就容易被压裂。K. K. Chong 等于 2010 年总结了之前 20 年的成功的压裂方法，他们认为可压裂性极大地影响了页岩气开采的生产力和持续性[10]。J. A. Breyer 等对可压裂性做过相关分析，试图通过页岩的弹性模量、泊松比和内摩擦角来量化表征可压裂性[11]。X. Jin 等提出可压裂性模型中要考虑断裂韧性和能量耗散的观点，其中断裂韧性是应力强度因子的临界状态，断裂韧性代表岩石阻碍已有裂隙继续延展的性质，是岩石固有的性质，X. Jin 等在文中验证了岩石的断裂韧性越大，越难压成丰富缝网，且岩石的断裂韧性很难直接测量[12]。X. L. Zhao 等利用应力强度因子的临界状态表征断裂韧性，并用巴西圆盘方法测量了断裂韧性[13]，导出了弹性模量、泊松比、硬度、抗拉强度这些参数与断裂韧性之间的关系，发现断裂韧性与抗拉强度、弹性模量成正比，见式（3-1）和式（3-2）。

$$K_{\mathrm{IC}} = 0.271 + 0.107\sigma_{\mathrm{t}} \tag{3-1}$$

$$K_{\text{IC}} = 0.313 + 0.027E \tag{3-2}$$

式中，K_{IC} 为断裂韧性；σ_t 为抗拉强度；E 为弹性模量。R. Sierra 等测量了 Woodford 页岩岩样的断裂韧性、抗拉强度以及声速[14]。H. P. Rossmanith 在研究岩石断裂机制时，结合了岩石的应变能释放率（即在产生裂隙过程中，岩石裂隙单位表面积的能量耗散），根据损伤准则，当应变能释放率达到临界值 G_C 时，裂隙才会从初始状态开始延展，即能量一定时，G_C 越小，产生的裂隙越大[15]。

也有其他国外学者利用页岩的脆性矿物含量或力学参数表征可压裂性，这些工作为其量化评价提供了广泛的思路，但研究结果因为考虑因素的单一性，不能全面地反映页岩在水力压裂过程中的综合特征。

国内学者关于岩石可压裂性的研究刚刚兴起，丁文龙等提出了页岩裂缝发育主控因素及其影响，但没有给出量化评价办法[16]；唐颖等提出了利用页岩脆性、天然裂缝、石英含量、成岩作用四种影响参数建立的数学模型对可压裂性进行量化评价，但没有岩石强度这样明显的负向因素，因此不能够得到客观的量化结果[17]；袁俊亮等建立了以弹性模量、泊松比、抗拉强度三项岩石力学参数为自变量的可压裂性评价方法，但影响可压裂性的参数考虑过少，也会影响预测结果[18]；郭天魁等给出了可压裂性评价的定性指标，但没有给出具体的定量评价方法[19]。如能利用简单参数整理出页岩可压裂性评价的数学模型，模型中不仅要考虑对可压裂性有正向影响的脆性因素，也要考虑加大能量耗散的可压裂性负向影响因素，则对页岩开采具有指导意义。本书根据文献调研，选取了六种岩石的可压裂性影响因素，分别是脆性、脆性矿物含量、黏土矿物含量、黏聚力、内摩擦角以及单轴抗压强度。

3.3　可压裂性影响因素分析

3.3.1　脆性

如上述提到的，脆性是岩石的一个重要特征，也是影响可压裂性最重要的因素。脆性是岩石可压裂性评价中首要被考虑的因素，以至于很长一段时间，人们把脆性作为评价可压裂性的唯一因素。脆性因素有很长时间都被与可压裂性混为一谈[8,20]，这也可以看出岩石脆性对可压裂性影响之大。目前国内外还没有统一的关于脆性的定义，如 A. Kozachenko 等定义脆性为材料塑性的缺失[21]；J. G. Ramsay 认为岩石破坏时，材料即发生脆性破坏[22]。关于岩石脆性评价的几种常用方法如表 3-2 所示。

表 3-2　岩石脆性的评价方法

计算公式	物理量含义	测试方法
$B_1 = (\sigma_c \sigma_t)/2$	σ_c：单轴抗压强度 σ_t：单轴抗拉强度	单轴压缩和巴西测试
$B_2 = P_{\text{inc}}/P_{\text{doc}}$	P_{inc}：平均力增量 P_{doc}：平均力衰减量	压痕测试

表 3-2(续)

计算公式	物理量含义	测试方法
$B_3 = W_{qtz}/W_{Tot}$	W_{qtz}：石英含量	
$B_4 = (W_{qtz} + W_{dol})/W_{Tot}$	W_{dol}：白云石含量 W_{Tot}：总矿物量	测井法和 X 射线衍射法
$B_5 = \sin \varphi$	φ：内摩擦角	莫尔应力圆法和测井法
$B_6 = (E_n + \nu_n)/2$	E_n：标准化的弹性模量 ν_n：标准化的泊松比	单轴抗压测试

注：表中 B_i 代表脆性指数。

　　尽管在计算岩石脆性时所使用的公式有差异,但普遍的共识是脆性指数越高,岩石越容易被压裂。通过对比脆性指数计算公式,我们发现相较其他方法,利用弹性模量和泊松比计算脆性指数的公式很直接、简便。R. Rickman 等也曾对脆性指数的几种常用计算方法进行过对比,总结得出基于弹性模量和泊松比计算的脆性指数结果更接近真实值[23]。计算公式如下:

$$B_6 = (E_n + \nu_n)/2 \tag{3-3}$$

其中,E_n 代表单位为 10 GPa 的归一化的弹性模量;ν_n 为归一化的泊松比。由定义公式可以很直观地看出,弹性模量和泊松比越高,脆性越高。本书选用弹性模量和泊松比刻画脆性大小。

3.3.2　脆性矿物含量以及黏土矿物含量

　　岩石的矿物含量(体积含量)等于岩石矿物体积除以岩石体积。脆性矿物含量和黏土矿物含量是两个影响孔隙率、微观裂隙发育状况、碳氢化合物以及页岩压裂方式的重要因素[24]。岩石脆性矿物含量越高,岩石储层越脆,在外力作用下越容易形成诱导裂缝,越容易被压裂[25],越有利于开采页岩气。而岩石的黏土矿物含量越高,在压裂过程中就会吸收越多的能量,页岩塑性越强,形成的裂缝多为平面裂缝,不利于页岩的体积改造。高黏土矿物含量自然就被认为是页岩压裂的障碍[26]。

　　X 射线衍射技术作为一种分析、鉴定和测量固态物质的方法,已在石油地质勘探与开采领域得到普遍应用。X 射线衍射的物相分析包括定性分析和定量分析两类。在测量页岩矿物含量时利用 X 射线衍射技术对其矿物成分含量作定量分析。

　　K. Tanaka 和 W. B. Bradley 在关于脆性问题的研究中提出脆性矿物含量是指石英、长石和白云石在所有矿物中所占的比例[27],认为黏土矿物含量应该按伊利石、蒙脱土、高岭石、叶蜡石和滑石的成分含量计算[28]。除了脆性物质和黏土物质之外,岩石中还含有一些对可压裂性没有影响的中性物质[29-32]。根据以往的关于矿物含量的研究结果,我们发现随着地质环境和页岩储层的变化,所含矿物种类和含量都在变化。

　　综合考虑所研究区域的地质情况,本书关于可压裂性的研究中,将石英、长石和白云石含量作为脆性矿物含量,将伊利石以及蒙脱石含量作为黏土矿物含量。

3.3.3　黏聚力

　　在有效应力情况下,总抗剪强度去除摩擦强度即黏聚力。黏聚力是破坏面没有任何正应力作用下的抗剪强度[33]。黏聚力表征的是没有纵向应力情况下的岩石剪切强度,反映了联结面间剪切滑动的能力。根据莫尔-库仑定律,只有当最大剪切力超过岩石黏聚力时才会出现裂缝[34-35]。这意味着黏聚力越大,岩石越难被压裂,因此,黏聚力是可压裂性的一个负向指数。

3.3.4　内摩擦角

内摩擦角代表岩石沿着节理面滑移的难易程度。内摩擦角越小,岩石越容易沿节理面滑移。岩石破坏之前,脆性岩石或坚硬岩石阻碍沿节理面滑移的能力要比塑性或软弱岩石更强。因此,学者们把内摩擦角作为岩石可压裂性的正向影响因素[36],可用莫尔圆和破坏包络线来描述。莫尔圆是表示复杂状态(或应变状态)下物体中一点各微截面上应力(或应变)分量之间关系的平面图形。若用数个均质试样做直接剪切试验,各试样分别使用不同的垂直载荷,将各试验的试验结果绘制在垂直应力-剪应力坐标图中,通过图中诸点的曲线,称为"破坏包络线"。

3.3.5　单轴抗压强度

岩石单轴抗压强度是指岩石试件在无侧限条件下,受轴向力作用破坏时单位面积上所承受的载荷[37]。

很显然,矿物成分会对岩石的单轴抗压强度产生影响,石英就是一种已知的高强度成分,石英含量高的岩石会具备高脆性。单轴抗压强度对可压裂性有重要影响,J. A. Breyer 等把单轴抗压强度和内摩擦角综合起来重新修正岩石脆性概念[11]。V. Hucka 等提出利用单轴抗压强度和抗拉强度之比来定义岩石脆性[36]。他们认为脆性岩石具有高单轴抗压强度与抗拉强度之比,单轴抗压强度与岩石的脆性和可压裂性密切相关。单轴抗压强度越高,岩石越容易被压裂,可压裂性越好。因此,单轴抗压强度可以作为可压裂性的正向影响因子。

3.3.6　其他因素

页岩可压裂性影响因素之间并不是独立的,而是相互牵制的,共同影响着页岩的可压裂性。除本书分析的上述几种影响因素外,还有成岩作用、热成熟度等其他影响因素;而本书所研究岩样均采自同一区域,埋深跨度不大,13组页岩热成熟度和成岩作用近似一致,暂不考虑。

3.3.7　各因素对可压裂性的影响效果

根据以上对六个可压裂性影响因素的分析,正向负向影响结果可以总结如表 3-3 所示。该六个因素与可压裂性密切相关,构建可压裂性评价模型时应将其加入。

表 3-3　影响因素的作用方向

	脆性	脆性矿物含量	黏土矿物含量	黏聚力	内摩擦角	单轴抗压强度
正向	√	√			√	√
负向			√	√		

在处理页岩气开采的实际问题时,将这些可压裂性的影响因素考虑进去,页岩气的采收率可大大提高。

参 考 文 献

[1] 张烈辉,郭晶晶,唐洪明.页岩气藏开发基础[M].北京:石油工业出版社,2014.

[2] 北京日报.世界页岩气储量知多少[J].石油和化工设备,2015(2):33.

[3] 贾晋京.中国"页岩气"储量第一？榨出石头缝里的"蓝金"[J].环境与生活,2012(5): 47-52.

[4] 邹才能,陶士振,侯连华.非常规油气地质[M].北京:地质出版社,2011.

[5] NOACK K. Control of gas emissions in underground coal mines[J]. International journal of coal geology,1998,35(1/2/3/4):57-82.

[6] WANG F P,GALE J F W. Screening criteria for shale-gas systems[J]. Gulf coast association of geological societies transactions,2009,59:779-793.

[7] BYBEE,KAREN. Proper evaluation of shale-gas reservoirs leads to a more-effective hydraulic-fracture stimulation[J]. Journal of petroleum technology,2009:59-61.

[8] ALASSI H,HOLT R,NES O,et al. Realistic geomechanical modeling of hydraulic fracturing in fractured reservoir rock[C]//Society of Petroleum Engineers. Canadian Unconventional Resources Conference 2011,2011:1961-1965.

[9] MANCKTELOW N. Fundamentals of rock mechanics[J]. Tectonophysics, 2009, 470(3/4):345.

[10] CHONG K K,GRIESER B,JARIPATKE O A,et al. A completions roadmap to shale-play development:a review of successful approaches toward shale-play stimulation in the last two decades[C]//Society of Petroleum Engineers. International Oil and Gas Conference and Exhibition in China. Beijing,2010.

[11] BREYER J A,ALSLEBEN H,ENDERLIN M B. Predicting fracability in shale reservoirs[C]//AAPG Search and Discovery. 2011 AAPG Hedberg Conference. Auetin,2011.

[12] JIN X,SHAH S N,ROEGIERS J C,et al. Fracability evaluation in shale reservoirs: an integrated petrophysics and geomechanics approach[J]. SPE journal,2015.

[13] ZHAO X L,ROEGIERS J C. Determination of in situ fracture toughness[J]. International journal of rock mechanics and mining sciences & geomechanics abstracts,1993,30(7):837-840.

[14] SIERRA R,TRAN M H,ABOUSLEIMAN Y N,et al. Woodford shale mechanical properties and the impacts of lithofacies[C]//US Rock Mechanics Symposium & US-Canada Rock Mechanics Symposium,2010.

[15] ROSSMANITH H P. Rock fracture mechanics[M]. Vienna:Springer Vienna,1983.

[16] 丁文龙,李超,李春燕,等.页岩裂缝发育主控因素及其对含气性的影响[J].地学前缘, 2012,19(2):212-220.

[17] 唐颖,邢云,李乐忠,等.页岩储层可压裂性影响因素及评价方法[J].地学前缘,2012, 19(5):356-363.

[18] 袁俊亮,邓金根,张定宇,等. 页岩气储层可压裂性评价技术[J]. 石油学报,2013, 34(3):523-527.

[19] 郭天魁,张士诚,葛洪魁. 评价页岩压裂形成缝网能力的新方法[J]. 岩土力学,2013, 34(4):947-954.

[20] SLATT R M, ABOUSLEIMAN Y. Multi-scale, brittle-ductile couplets in unconventional gas shales:merging sequence stratigraphy and geomechanics[C]// AAPG annual conference and exhibition. Houston,2011.

[21] KOZACHENKO A,BART Y,RUBTSOV A. Journal of the American society for naval engineers[R]. [S. l.],1988.

[22] RAMSAY J G. Folding and fracturing of rocks[R]. [S. l.],1968.

[23] RICKMAN R,MULLEN M J,PETRE J E,et al. A practical use of shale petrophysics for stimulation design optimization:all shale plays are not clones of the barnett shale [C]//Society of Petroleum Engineers. SPE Annual Technical Conference and Exhibition. Denver,2008.

[24] JAHANDIDEH A, JAFARPOUR B. Optimization of hydraulic fracturing design under spatially variable shale fracability [J]. Journal of petroleum science and engineering,2016,138:174-188.

[25] DENNIS D. Thirty years of gas-shale fracturing:what have we learned? [J]. Journal of petroleum technology,2015,62(11):88-90.

[26] 梁利平. 页岩气藏体积压裂评价及产能模拟研究[D]. 西安:西北大学,2014.

[27] TANAKA K. Slope hazards and clay minerals[J]. Nendo kagaku,1992,32(1):16-22.

[28] BRADLEY W B. Failure of inclined boreholes [J]. Journal of energy resources technology,1979,101(4):232-239.

[29] ALAJMI A F, GRADER A S. Analysis of fracture-matrix fluid flow interactions using X-ray CT [C]//Society of Petroleum Engineers. SPE Eastern Regional Meeting. Morgantown,2000.

[30] RAVESTEIN T. Fraccability determination of a Posidonia Shale Formation analogue through geomechanical experiments and micro-CT fracture propagation analysis[R]. [S. l.],2014.

[31] SOCHOR M R,WEBBER P,BEDNARSKI B,et al. 3D CT imaging versus plain X-ray in diagnosis of rib fractures in lateral impact crashes[C]//47th Annual Proceedings Association for the Advancement of Automotive Medicine,2003.

[32] 敖波,张定华,赵歆波,等. CT 图像中裂纹缺陷的理论分析[J]. CT 理论与应用研究, 2005,14(4):10-16.

[33] 李广信. 高等土力学(第 2 版)[M]. 北京:清华大学出版社,2016.

[34] BRADLEY W B. Failure of inclined boreholes [J]. Journal of energy resources technology,1979,101(4):232-239.

[35] TRAN D T,ROEGIERS J C,THIERCELIN M. Thermally-induced tensile fractures in the barnett shale and their implications to gas shale fracability [C]//5th US/

Canada Rock Mechanics Symposium,2010.

[36] HUCKA V, DAS B. Brittleness determination of rocks by different methods[J]. International journal of rock mechanics and mining sciences & geomechanics abstracts,1974,11(10):389-392.

[37] 沈明荣.岩体力学课程教学方法探讨[J].高等建筑教育,2013,22(6):64-66.

第4章　模糊综合评价页岩可压裂性

随着全球常规油气藏勘探目标的日益减少和天然气的需求日益增大,非常规油气藏研究和勘探已经越来越被重视,非常规油气成了世界油气资源的重要组成部分。

页岩气是非常规天然气资源的重要类型之一,它是指赋存于富含有机质泥页岩及其夹层中,以吸附和游离状态为主要存在方式的非常规天然气(油气资源)。其主要成分是甲烷,作为一种新型的清洁高效能源资源和化工原料,页岩气主要用于居民燃气、发电、汽车燃料、城市供热和化工生产等领域,是一种有潜力的非常规能源,具有广阔的开发前景和经济效益。

据国家统计局网站数据,我国在 2017 年的页岩气总产量为 9.0×10^9 m³,约占我国天然气总产量的 6%。2018 年,我国天然气进口量高速增长,一季度进口天然气 2.062×10^7 t,同比增长 37.3%,其中,3 月份进口天然气 5.96×10^6 t,同比增长 39.0%。此外,一季度,天然气产量 3.967×10^{10} m³,同比增长了 3.3%,受基数较高的影响,增速比 2017 年同期回落了 0.1%。据预测,到 2030 年,我国天然气消费需求将达 5.8×10^{11} m³,如没有新增产量,我国天然气对外依存度将达 50% 以上。这就意味着全球第三大天然气消费国——中国将需要继续进口大量的液化天然气,作为一个能源大国,在各个方面都有极大的需求,显然如果天然气大量依靠进口是无法稳定持续发展的。严峻的问题摆在我们的面前,需要我们去研究开发新的能源以求可持续发展。

我国页岩气资源潜力较大,初步估计我国页岩气可采资源量在 3.61×10^{13} m³,与常规天然气相当,这表明中国是全球最大的页岩气可采资源所在地。我国首个大型页岩气田——涪陵页岩气田现已如期建成,年产预计能达到 1.0×10^{10} m³,相当于建成一个千万吨级的大油田,这对中国未来能源、经济以及世界能源、经济格局都会产生深远影响。但是,中国的页岩地层深,断层多,且多位于人口密集的山区,导致开采成本高,钻井难度较高。页岩气渗流机理复杂,微纳米孔隙/缝结构复杂,快速而有效地评估页岩气渗透率一直是国内外学者和工程师们关注的焦点。美国页岩气开发的经验表明:增产技术尤其是水平井压裂技术,对于页岩气的开发是至关重要的,其他重要的技术包括水平井定向井钻井以及油藏描述技术。页岩气储层属于低孔隙率-超低渗透率储层,所以为了经济开采,需要进行必要的压裂作业。页岩的可压裂性的研究对页岩气(油)的开采具有重要的意义。

为探索页岩气开采设井优化方案,本章针对从胜利油田东营凹陷区沙三下亚段和沙四上亚段提取的 13 组不同埋深的页岩岩心,测量并分析影响其可压裂性的脆性指数、脆性矿物含量、黏土矿物含量、内摩擦角、黏聚力五种物理力学因素,对五种参数取值趋势进行分析,去除重复影响的内摩擦角,将评价模型中的影响因素简化为四种,并判断出东营凹陷页岩具有较好的页岩气勘探前景,对不同埋深页岩的物理力学参数取值差异进行纵向比较分析,对可压裂性进行综合排序,量化出页岩可压裂性评价结果。

通过研究,我们发现可压裂性整体随埋深增加而减小,埋深为 3 317～3 317.15 m 的 3 号岩心可压裂性最好,埋深为 3 316.25～3 316.40 m 的 2 号、3 396.6～3 396.9 m 的 7 号、3 400.85～3 401.00 m 的 9 号层位井段的岩心可压裂性较好,可作为设井岩层,供页岩气开发优选参考。值得注意的是,本书中未考虑对可压裂性有明显作用的岩石储层的成岩作用以及沉积作用这些因素。这是因为本书研究页岩可压裂性所用的岩心都取自同一地区,所取岩心的岩石储层的地理深度并没有明显差别,测试所用岩心的成岩作用和沉积作用相似。然而,如要对比不同区域页岩可压裂性,需要加入地理或地质因素时,由下文所建模型可以看出,只需要在现有模型中加入各影响因素的权重,在此模型基础上予以相应改造很方便。因此,可以认为所建模型适用范围广。

4.1　概　　述

对于页岩可压裂性的评价,评价方法大体上可分为两类,其主要区别在确定权重的方法上。一类是主观赋权法,多数采取综合咨询评分确定权重,如综合指数法、模糊综合评价法、层次分析法、功效系数法等。另一类是客观赋权法,根据各指标间相关关系或各指标值变异程度来确定权重,如主成分分析法、因子分析法、理想解法(也称 TOPSIS 法)等。目前,国内外综合评价方法有数十种之多,其中主要使用的评价方法有主成分分析法、因子分析法、TOPSIS 法、秩和比法、灰色关联法、熵权法、层次分析法、模糊综合评价法、物元分析法、聚类分析法、价值工程法、神经网络法等。在本章中,我们采取模糊综合评价法来建立模型评价页岩的可压裂性。为构建可压裂性评价模型,我们开展了针对胜利油田东营凹陷区不同深度页岩的研究,测量和分析了影响可压裂性的脆性指数、脆性矿物含量、黏土矿物含量、内摩擦角、黏聚力五种物理力学因素,分析参数取值差异,验证东营凹陷区页岩的开采价值;并且讨论了脆性指数、脆性矿物含量、黏土矿物含量、黏聚力四种参数之间的相互影响,用和积法获取四个影响因子的权重,利用模糊综合评价法量化模型初步得到了所取 13 种不同埋深岩心的可压裂性优劣次序,即适合设井开采的优先次序,并获得了东营凹陷区页岩的可压裂性系数。可压裂性直接影响初始产量和最终采收率,在开采过程中可根据可压裂性排序确定打孔位置及下管数量。

4.2　页岩可压裂性相关物理力学参数分析及测量

世界页岩气资源十分丰富,页岩气的开采可以在很大程度上缓解能源紧张局面,但依靠目前的技术页岩气还没有得到广泛的勘探和开发,其中一个主要原因在于页岩的基质渗透率很低(一般情况下小于 1 mD),勘探开发存在较大的难度,只有极少数天然裂缝特别发育且具有较好保存条件的钻井可直接投入生产,而 90% 以上的钻井均需要经过酸化、压裂等储层改造后才能获得比较理想的产量。技术的进步是页岩气产量提高的根本原因,特别是水平钻井技术和水力压裂技术的进步,才使得页岩气产量有了突飞猛进的增长。目前,关于页岩可压裂性评价,国内外尚未形成统一有效的评价方法,但可以确定的是决定可压裂性的因素很多,它是岩石地质、储层特征的综合反映,主要与地应力、岩石脆性、脆性矿物含量、黏土矿物含量、页岩强度、天然裂缝及成岩作用等因素有关[1-2]。东营凹陷区页岩的成岩作用处于中期阶段,成分以伊蒙混层为主。本节根据胜利油田东营凹陷区页岩的区域属性,结合国内外页岩可压裂性研究进展,分析测量了影响页岩可压裂性的主要因素,并建立了可压裂性的量化评价模型。样品取自胜利油田东营凹陷区埋藏深度为 3 315.85～3 485.07 m 的沙三下亚段-沙四上亚段。

4.2.1 页岩脆性

脆性是表示材料在外在载荷和自身的非均质性所产生的非均质力作用下形成局部破坏,进一步导致多维破裂面的综合特征。页岩脆性是评价其可压裂性最重要的特性,页岩的脆性会对压裂所产生的人工裂缝形态产生较大的影响,岩石脆性指数越大越容易在外力的作用下裂开产生裂缝。比如:塑性页岩的泥质含量较高,压裂时较容易产生塑性变形,产生简单的裂缝网络;脆性页岩中石英等脆性矿物含量高,压裂时就容易形成复杂的裂缝网络。因此,页岩的脆性越高,压裂生成的裂缝网络越繁杂,可压裂性就越高。

在页岩的脆性指数研究中,弹性模量和泊松比是表征页岩脆性的主要岩石力学参数,弹性模量反映了页岩被压裂后保持裂缝的能力,泊松比反映了页岩在压力下破裂的能力。页岩弹性模量一般为 10～80 GPa,泊松比一般为 0.20～0.40。

脆性的大小用脆性指数表征,页岩脆性指数一般为 10%～70%。由中国部分页岩岩石力学参数测量结果来看,其脆性指数为 29%～65.1%,与 Barnet 页岩 T. P. Sims 井页岩脆性指数(46.4%)相比略高,与美国其他页岩脆性指数(52.0%)大致相当。

据统计,目前现有的脆性指数衡量方法大约有 20 种,包含基于强度的脆性评价方法、基于硬度及坚固性的脆性评价方法和基于全应力应变的脆性评价方法。

脆性指数即最大弹性应变与临界状态时的总应变的比值。理想弹-脆性材料其值为 1;理想弹-塑性材料其值很小,接近 0。对于真实材料,由于其临界状态时的总应变总是大于最大弹性应变,故其值介于 0～1 之间。材料越脆,该值越大,可以由岩石矿物学方法和岩石力学方法来确定。

利用中国矿业大学煤炭资源与安全开采国家重点实验室的伺服控制加载设备,开展了单轴压缩试验,测定了胜利油田东营凹陷油藏不同深度处页岩的弹性模量和泊松比等参数,试样为 25 mm×50 mm 的圆柱体,加载速度为 0.001 mm/s,采用位移控制加载方式。获得了页岩受压的全应力-应变曲线、抗压强度、泊松比。将泊松比、弹性模量归一化后按照式(3-3)计算得到脆性指数,结果如表 4-1 所示。表中页岩 5、页岩 8、页岩 10 所在井段取心数目较多,数值为三组岩心数据均值;其余为两组岩心数据均值。

表 4-1　东营凹陷区页岩弹性模量、泊松比和脆性指数的测量与计算结果

岩样	井段/m	泊松比	弹性模量/GPa	脆性指数
页岩 1	3 315.85～3 316.00	0.31	52.11	0.45
页岩 2	3 316.25～3 316.40	0.25	62.09	0.62
页岩 3	3 317.00～3 317.15	0.23	38.63	0.49
页岩 4	3 361.80～3 362.00	0.18	21.16	0.45

表 4-1(续)

岩样	井段/m	泊松比	弹性模量/GPa	脆性指数
页岩 5	3 364.20～3 364.35	0.23	23.10	0.38
页岩 6	3 366.17～3 366.35	0.38	72.55	0.48
页岩 7	3 396.60～3 396.90	0.22	7.93	0.29
页岩 8	3 397.20～3 397.40	0.13	7.02	0.43
页岩 9	3 400.85～3 401.00	0.23	20.69	0.36
页岩 10	3 424.13～3 485.07	0.21	6.31	0.29
页岩 11	3 424.13～3 485.07	0.14	4.74	0.40
页岩 12	3 424.13～3 485.07	0.18	14.85	0.40
页岩 13	3 424.13～3 485.07	0.19	5.70	0.32

4.2.2　页岩脆性矿物与黏土矿物含量

脆性矿物含量是影响页岩基质孔隙和微裂缝发育程度、含气性及压裂改造方式等的重要因素,脆性矿物含量越高,岩石脆性越强,在构造运动或水力压裂过程中越易形成天然裂缝或诱导裂缝。石英是页岩储层的主要脆性矿物之一。Nelson 认为除石英之外,长石和白云石也是页岩储层中的脆性组分。研究表明,含石英的黑色页岩脆性较强,裂缝的发育程度比富含方解石且塑性较强的灰色页岩的高。因此,不同矿物对页岩水力压裂诱导裂缝影响程度不同。石英含量是影响裂缝发育的主要因素之一。石英含量越高,页岩脆性越大,裂缝越发育,可压裂性越高。从岩石破裂机理来看,石英主要成分是二氧化硅,具有较高的脆性,在外力作用下容易破碎产生裂缝。储层中石英含量高,天然裂缝往往比较发育,在水力压裂作业时也容易产生较多的诱导裂缝,从而沟通基质孔隙与天然裂缝,形成天然气运移和产出的通道。D. Jarvie 等将石英含量作为确定页岩脆性指数的主要因素。F. P. Wang 筛选了含气页岩系统的几个关键因素,认为页岩储层石英含量最小为 25%,北美典型页岩石英含量多超过 50%,有些高达 75%,中国含气页岩石英含量平均在 40% 左右,最高可达 80%。

我们通过 X-射线衍射试验测试了东营凹陷不同深度处页岩的矿物成分,综合考虑所研究区域的地质情况,本书关于可压裂性的研究中,将石英、钠长石和白云石含量作为脆性矿物含量,将伊利石以及蒙脱石含量作为黏土矿物含量。

利用 X-射线衍射技术测得了页岩中脆性矿物以及黏土矿物的含量,结果如表 4-2 所示。郭彤楼等对涪陵地区页岩的脆性矿物和黏土矿物含量进行过测量,测得龙马溪组底部脆性矿物含量平均为 62.4%,黏土矿物含量平均为 34.6%。本研究所取岩心脆性矿物含量在 10.7%～72.6% 之间,平均为 36.6%,黏土矿物含量平均为 24.9%。虽然相较涪陵页岩,东营凹陷页岩的脆性矿物含量低很多,可能会对可压裂性有一定的抑制作用,但东营凹陷页岩黏土矿物含量偏低,有增大可压裂性的效果。这主要是由于东营凹陷页岩距陆源区较近,含有较多的陆源碎屑。综上,东营页岩与涪陵页岩都相对富集脆性矿物,但涪陵页岩脆性矿物含量较东营页岩的高,黏土矿物含量也相对较高。

表 4-2　东营凹陷区页岩矿物成分

岩样	井段/m	脆性矿物含量/%	黏土矿物含量/%
页岩 1	3 315.85~3 316.00	47.9	27.1
页岩 2	3 316.25~3 316.40	50.0	25.2
页岩 3	3 317.00~3 317.15	72.6	14.8
页岩 4	3 361.80~3 362.00	23.4	34.4
页岩 5	3 364.20~3 364.35	26.7	27.2
页岩 6	3 366.17~3 366.35	30.2	47.0
页岩 7	3 396.60~3 396.90	61.0	29.8
页岩 8	3 397.20~3 397.40	25.3	15.9
页岩 9	3 400.85~3 401.00	56.3	34.6
页岩 10	3 424.13~3 485.07	10.7	18.6
页岩 11	3 424.13~3 485.07	14.3	11.1
页岩 12	3 424.13~3 485.07	15.4	11.3
页岩 13	3 424.13~3 485.07	41.8	27.1

4.2.3　页岩内摩擦角与黏聚力

内摩擦角是岩体的两个重要参数之一,是岩石的抗剪强度指标,是工程设计的重要参数。岩石的内摩擦角反映了岩石的摩擦特性,一般认为包含两个部分:岩石的表面摩擦力、岩体间的嵌入和连锁作用产生的咬合力。内摩擦角是岩石力学上很重要的一个概念。内摩擦角最早出现在库仑公式中,也就是岩体强度取决于摩擦强度和黏聚力,两者共同概化为内摩擦角,摩擦强度又分为滑动摩擦和咬合摩擦两类。黏聚力又叫内聚力,是在同种物质内部相邻部分之间的相互吸引力,这种相互吸引力是同种物质分子之间存在分子力的表现,只有在各分子十分接近时(小于 10^{-4} mm)才显示出来。黏聚力能使物质聚集成液体或固体。特别是在与固体接触的液体附着层中,黏聚力与附着力相对大小的不同,致使液体浸润固体或不浸润固体。

由库仑定律可知,黏聚力越大,岩石越坚硬,越不容易被压裂生成有效裂缝,可压裂性越差。因此,黏聚力是岩石可压裂性的一个负向因素,黏聚力越大,岩石越难被压裂;内摩擦角是岩石的抗剪强度指标,人们普遍认可的岩石高脆性的一个特征即内摩擦角大[3],因此内摩擦角是岩石可压裂性的一个正向因素,可用莫尔圆和破坏包络线来描述。

本书采用室内三轴压缩试验,将岩石试样放在密闭容器内,施加三向应力至试件破坏,在加压过程中同时测定不同载荷下的应变。绘制应力-应变关系曲线以及强度包络线,求得岩石的抗压强度、内摩擦角、黏聚力等参数。

但单轴或三轴压缩试验皆是毁灭性的试验,加之页岩取心的不易,试验的损耗以及不同埋深的岩心数量有限,导致本次试验只测得一部分岩心的内摩擦角和黏聚力,其中页岩 10 内摩擦角和黏聚力数据为同井段两块岩心数据均值(见表 4-3)。

表 4-3　页岩内摩擦角与黏聚力

岩样	井段/m	内摩擦角/(°)	黏聚力/MPa
页岩 3	3 317.00～3 317.15	17.0	25.0
页岩 5	3 364.20～3 364.35	21.8	25.5
页岩 7	3 396.60～3 396.90	19.6	14.8
页岩 8	3 397.20～3 397.40	21.7	11.9
页岩 9	3 400.85～3 401.00	22.9	14.6
页岩 10	3 424.13～3 485.07	20.6	13.2
页岩 11	3 424.13～3 485.07	23.6	34.3

4.2.4　其他因素

本试验还针对所取得的 13 组岩心利用高精度 Micro-CT 扫描、SEM、电子探针、X 射线以及数字图像分析技术,探测和分析低渗透性页岩的矿物成分、颗粒组成与空间分布、孔隙率、渗透率和密度等物理性质。结果表明,渗透率远大于 10^{-18} m²,孔隙率大于 1%,埋藏深度均小于 4 500 m,脆性矿物含量大于 10%,泊松比都小于 0.25,弹性模量均大于 2.9 GPa。根据文献资料可知,所考察地区适合页岩气开发。同时,针对所取岩心进行水力压裂试验,可发现压后缝网较多,破碎程度较高,效果很理想(图 4-1),这进一步说明东营凹陷区所研究区域页岩气具备开采价值,本研究对工程开发具有实际指导意义。

(a) 水力压裂前　　　　　　　　　　　(b) 水力压裂后

图 4-1　试样水力压裂前后对比

4.3　页岩可压裂性影响参数取值分析

把上述影响页岩可压裂性的五种参数汇总于表 4-4,并绘出各因素随埋深的变化趋势图(见图 4-2)。由图 4-2(a)和图 4-2(b)可看出,所研究区域页岩脆性指数、脆性矿物含量两个参数整体随埋深增大而减小,变化趋势大致一致,页岩 5、7、10、13 处的脆性指数处于极小值,脆性矿物含量在页岩 5、10 处也相对较小,但页岩 7、13 处脆性矿物含量相对偏高,两个脆性参数变化趋势并不完全一致,因此在评价可压裂性时有必要考虑两者的共同影响。

表 4-4 页岩可压裂性相关参数取值汇总

岩样	井段/m	脆性指数	脆性矿物含量/%	黏土矿物含量/%	黏聚力/MPa	内摩擦角/(°)
页岩 1	3 315.85~3 316.00	0.45	47.9	27.1	—	—
页岩 2	3 316.25~3 316.40	0.62	50.0	25.2	—	—
页岩 3	3 317.00~3 317.15	0.49	72.6	14.8	25.0	17.0
页岩 4	3 361.80~3 362.00	0.45	23.4	34.4	—	—
页岩 5	3 364.20~3 364.35	0.38	26.7	27.2	25.5	21.8
页岩 6	3 366.17~3 366.35	0.48	30.2	47.0	—	—
页岩 7	3 396.60~3 396.90	0.29	61.0	29.8	14.8	19.6
页岩 8	3 397.20~3 397.40	0.43	25.3	15.9	11.9	21.7
页岩 9	3 400.85~3 401.00	0.36	56.3	34.6	14.6	22.9
页岩 10	3 424.13~3 485.07	0.29	10.7	18.6	13.2	20.6
页岩 11	3 424.13~3 485.07	0.40	14.3	11.1	34.3	23.6
页岩 12	3 424.13~3 485.07	0.40	15.4	11.3	—	—
页岩 13	3 424.13~3 485.07	0.32	41.8	27.1	—	—

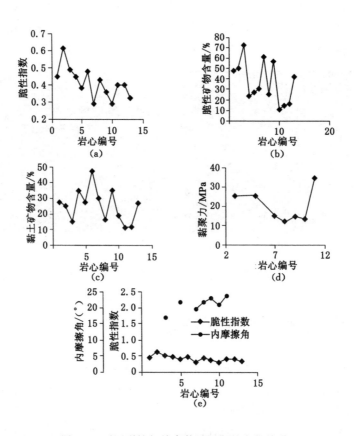

图 4-2 可压裂性相关参数随埋深的变化关系

由脆性指数和内摩擦角随埋深变化趋势对比图 4-2(e)可发现,内摩擦角和脆性指数的大体变化趋势一致,这与人们对岩石在高脆性表现上的共识是一致的[4],即内摩擦角大的页岩表现出脆性大的特征,但在页岩 5、9、10 处,脆性指数呈减小趋势,内摩擦角呈增—减折回变化,这是由于黏土矿物含量在页岩 9 处呈增高趋势,页岩的黏聚力增大,内摩擦角与脆性指数在此处有了些许变化。内摩擦角与脆性指数整体变化的高度一致性进一步说明内摩擦角与脆性指数的紧密关联性。因此在构造可压裂性评价模型时可将脆性指数及内摩擦角的交错关系去重,达到简化模型的效果。

此外,页岩 2 的脆性指数最大,脆性矿物含量却不是最高的。这说明尽管脆性矿物含量与脆性指数之间关联较紧密,但脆性指数是页岩物理力学性质的综合体现,这种综合体现不能用脆性矿物含量完全表征,也不可和可压裂性混为一谈[5]。可压裂性不仅应考虑脆性指数(尽管脆性指数在可压裂性影响因素中占很大比例),还应考虑压裂的抑制作用,像黏聚力、黏土矿物含量这样的负向因素。

4.4　模糊综合评价排序

4.4.1　模糊综合评价

模糊综合评价是模糊决策中最常用的一种有效方法。在实际中,常常需要对一个事物作出评价(评估),一般涉及多个因素或多个指标,此时就要求我们根据这些因素对事物作出综合评价,这就是所谓的综合评价。即综合评价就是要对受多个因素影响的事物(对象)作出全面的评价,故模糊综合评价又称为模糊综合决策或模糊多元决策。传统的评价方法有总评分法和加权评分法。

总评分法:基于评价对象的评价项目 $u_i(i=1,2,\cdots,n)$,首先,对每个项目确定出评价的等级和相应的评分数 $s_i(i=1,2,\cdots,n)$,并将所有项目的分数求和($\sum_{i=1}^{n}s_i$);然后,按总分的高低排序,从而确定出方案的优劣。

加权评分法:评判对象的诸多因素(或指标) $u_i(i=1,2,\cdots,n)$ 所处的地位或所起的作用一般不尽相同。因此,引入权重的概念,求诸多因素(指标)评分 $s_i(i=1,2,\cdots,n)$ 的加权和 $s=\sum_{i=1}^{n}\omega_i s_i$,其中 ω_i 为第 $i(i=1,2,\cdots,n)$ 个因素(指标)的权重。

模糊综合评价法主要是针对模糊性的现象提出的,就是针对不能够精确和清晰描述的事件,便于对无法获得精确解的问题进行很好的解释和说明。本研究选用模糊综合评价法是基于页岩气开采中水力压裂的实际情况考虑的,设井优化的目的是针对评估后有开采价值的区域进行设井位置优化选择,从而提高采收率。因此,只需要对考虑区域的可压裂性进行模糊排序,即仅需要对评价区域进行优中选优,不需要具体量化结果。而本研究对模糊综合评价的改进使得该法不仅可以对研究对象进行排序,还可以获得具体量化结果。

4.4.2　模糊综合评价的步骤

模糊数学是模糊综合评价的基础,评价原理是模糊关系合成的原理,即将一些边界不清、不易定量的因素定量化,利用多个因素对目标结果隶属等级状况进行综合评价[6]。评价过程主要考虑因素和评语,首先确定被评价目标的影响因素集合,再运用模糊数学的方法把评价对象以及评价指标转变为相应的隶属度和隶属函数,然后通过模糊综合计算得到结果。模糊综合评价是在模糊环境下充分考虑不同因素的影响,为了实现特定目的而对事物作出最终决策的方法[7]。模糊综合评价是对难以量化问题进行合理分析并给出决策的比较成熟的方法,它的一般步骤如下。

① 建立模糊综合评价因素的集合。因素集是由影响评判目标的各种元素组成的集合。通常用大写字母 U 表示,即 $U = \{u_1, u_2, \cdots, u_n\}$,其中的元素代表量化目标量的影响因素。这些因素通常具有不同程度的模糊性,例如,评判一套服装受欢迎程度,为了得出合理的结果,影响其受欢迎程度的因素,一般包括款式、花色、成本、耐用性、亲肤性、保暖性等,这些因素都是模糊的,由它们组成的集合,便是评价该款衣服受欢迎程度的因素集:$U = \{$款式,花色,成本,耐用性,亲肤性,保暖性$\}$。

② 确定权重集。各因素的影响程度一般来讲是不同的,对重要的因素肯定要侧重衡量,而不重要的因素,虽在考虑范畴中,但可适当放轻。为了反映各因素的重要程度,应赋予各个因素相应的权重。同样的衣服评价例子中,不同的人群选衣服有不同的目的,侧重的因素是不同的。对于妈妈群,给孩子选衣服侧重的是亲肤性,而老年顾客就比较侧重于耐用性。影响因素的权重在不同人群中的设置是不同的。权重一般根据实际问题的需求结合经验判断进行主观确定。

③ 确定备择集。备择集是评价者对判断问题所有可能作出的评价结果所构成的集合,常用大写字母 V 表示。一般地,模糊综合评价的目的是从备择集中选出一个最优的评价结果。还是选衣服的例子,因为评价的目的是弄清楚顾客对衣服的喜欢程度,评价结果应该是由各种欢迎程度所构成的集合,此例中备择集应该为:$V = \{$很喜欢,喜欢,一般,不喜欢$\}$。

④ 确定隶属度。从每一个因素出发,确定评价问题对每个因素的隶属度(是备择集上的一个模糊子集),由各个因素的隶属度组成的矩阵为:

$$\boldsymbol{R} = \begin{bmatrix} r_{11} & r_{12} & \cdots & r_{1n} \\ r_{21} & r_{22} & \cdots & r_{2n} \\ \vdots & \vdots & & \vdots \\ r_{m1} & r_{m2} & \cdots & r_{mn} \end{bmatrix} \tag{4-1}$$

式中,m 代表评价对象的个数,如上例中代表衣服的种类;n 代表评价因素的个数,即上例中集合 U 中元素的个数,为 6。

⑤ 模糊综合评价。模糊综合评价的目的是综合考虑所有因素的影响,最终得出评价结果,给每一因素确定权重后,即相当于对矩阵 $\boldsymbol{R}$ 的每一列赋予相应的权重,利用权重矩阵乘以隶属度矩阵则可得到模糊综合评价矩阵。

4.4.3 模糊综合评价模型

对上述方法适当改进,实现可压裂性评价的量化。量化步骤如下。

① 根据前面分析,内摩擦角与黏聚力数据缺失,构造评价因素集合 U 为$\{$脆性指数,脆性矿物含量,黏聚力,黏土矿物含量$\}$,待评价对象组成的集合 $V = \{13$ 块页岩$\}$。

② 利用和积法确定各因素的权重[7]:首先把四个因素根据参数特征分组以形成递阶层

次结构(图 4-3),把四个因素分为两组,即脆性因素、黏性因素;然后进行两两比较,确定每一元素的相对重要性并给出标度,即以 a_{ij} 表示元素 i 相对元素 j 的重要程度,以标度构造判断矩阵,再用和积法排序向量的显示表达式确定各因素的权重。根据前述关于岩石可压裂性各影响因子的分析,脆性指数综合反映页岩的脆性特征,而脆性矿物含量是页岩脆性特征的直接影响来源,脆性是页岩可压裂性的最重要影响因素,脆性矿物含量是第二重要影响因素;黏聚力影响岩石的强度,黏聚力越小,脆性越强,岩石越易被压出裂缝;黏土矿物含量越低,脆性矿物含量就有可能越大,黏土矿物含量和脆性矿物含量是一对对可压裂性影响相反、相互抑制的因素;黏聚力相较黏土矿物含量对可压裂性的影响应该偏大。根据各因素影响作用,结合以往对各影响因素的分析结果,在确定各因素影响作用方向后,结合压裂效果调整判断矩阵数值,将确定的权重代入模糊评价矩阵,对各影响因素的判断矩阵进行修正,进一步应用和积法求出判断矩阵的特征值向量 $\boldsymbol{W}=(0.51,0.33,0.11,0.05)$。因此,脆性指数、脆性矿物含量、黏聚力、黏土矿物含量对应的权重分别为 $0.51,0.33,0.11,0.05$。判断矩阵元素取值如表 4-5 所示。

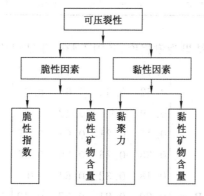

图 4-3　页岩可压裂性影响因素层次图

表 4-5　判断矩阵元素取值

	脆性指数	脆性矿物含量	黏聚力	黏土矿物含量
脆性指数	1	2	5	7
脆性矿物含量	1/2	1	4	6
黏聚力	1/5	1/4	1	3
黏土矿物含量	1/7	1/6	1/3	1

③ 计算隶属度,得到隶属度矩阵 $\boldsymbol{R}$。对表 4-4 中数据,为了消除参数间取值范围的差异,将各参考系数进行归一化。

对正向因素,取

$$S = (X - \min X)/(\max X - \min X) \tag{4-2}$$

对负向因素,取

$$S = (\max X - X)/(\max X - \min X) \tag{4-3}$$

归一化结果如表 4-6 所示。

表 4-6　各影响因素的归一化结果

岩样	井段/m	脆性指数	脆性矿物含量	黏聚力	黏土矿物含量
页岩 1	3 315.85～3 316.00	0.45	0.60	0.64	0.55
页岩 2	3 316.25～3 316.40	0.62	0.63	0.64	0.61
页岩 3	3 317.00～3 317.15	0.49	1.00	0.41	0.90
页岩 4	3 361.80～3 362.00	0.45	0.21	0.64	0.35
页岩 5	3 364.20～3 364.35	0.38	0.26	0.39	0.55
页岩 6	3 366.17～3 366.35	0.48	0.32	0.64	0.00
页岩 7	3 396.60～3 396.90	0.29	0.81	0.87	0.48
页岩 8	3 397.20～3 397.40	0.43	0.24	1.00	0.87
页岩 9	3 400.85～3 401.00	0.36	0.74	0.88	0.35
页岩 10	3 424.13～3 485.07	0.29	0.00	0.94	0.79
页岩 11	3 424.13～3 485.07	0.40	0.06	0.00	1.00
页岩 12	3 424.13～3 485.07	0.40	0.08	0.64	0.99
页岩 13	3 424.13～3 485.07	0.32	0.50	0.64	0.55

本研究取各因素归一化结果为隶属度,各因素归一化结果构成的隶属度矩阵 R:

$$R = \begin{pmatrix} 0.45 & 0.60 & 0.64 & 0.55 \\ 0.62 & 0.63 & 0.64 & 0.61 \\ 0.49 & 1 & 0.42 & 0.90 \\ 0.45 & 0.21 & 0.64 & 0.35 \\ 0.38 & 0.26 & 0.39 & 0.55 \\ 0.48 & 0.32 & 0.64 & 0 \\ 0.29 & 0.81 & 0.87 & 0.48 \\ 0.43 & 0.24 & 1 & 0.87 \\ 0.36 & 0.74 & 0.88 & 0.35 \\ 0.29 & 0 & 0.94 & 0.79 \\ 0.4 & 0.06 & 0 & 1 \\ 0.4 & 0.08 & 0.64 & 0.99 \\ 0.32 & 0.50 & 0.64 & 0.55 \end{pmatrix}$$

④ 将隶属度矩阵 R 看作模糊变换器,W 为输入,模糊评判结果 B 为输出,则:

$$B = W \times R^{\mathrm{T}}$$

$= (0.53, 0.63, 0.67, 0.39, 0.35, 0.42, 0.54, 0.45, 0.54, 0.29, 0.27, 0.35, 0.43)$

从输出矩阵中挑出没有黏聚力数据的 6 块岩心,其可压裂性数据为(0.66,0.35,0.31, 0.44,0.54,0.18)。7 块有黏聚力数据的岩心页岩可压裂性变化趋势如图 4-4 所示。

由图 4-5 可直接观察到所研究区域可压裂性整体随埋深增大而减小,即脆性矿物含量越大,脆性指数越大,黏土矿物含量越低,黏聚力越小,可压裂性越好,和预判结果一致。但在进行水力压裂时,也不应一味地选择深或浅埋区设置井口,可压裂性整体上随埋深增大而减小的同时,也有扰动,故应按具体考察区域可压裂性测量分析结果进行优化设井开采,避开负向干扰因素取值大的区域。

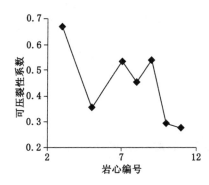

图 4-4　7 块有黏聚力数据的岩心页岩可压裂性变化趋势

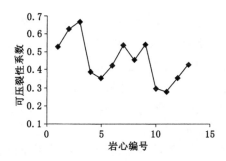

图 4-5　13 块岩心页岩可压裂性变化趋势

由不同的数学模型得到的可压裂性的定量数值结果可能不同,但排序应该保持一致,因此本研究模糊综合评价结果中的数值大小仅能体现各岩层可压裂性的优劣。

参 考 文 献

[1] GALE J F W,REED R M,HOLDER J. Natural fractures in the Barnett Shale and their importance for hydraulic fracture treatments[J]. AAPG bulletin,2007,91(4):603-622.

[2] 孟召平,刘翠丽,纪懿明.煤层气/页岩气开发地质条件及其对比分析[J].煤炭学报, 2013,38(5):728-736.

[3] HUCKA V,DAS B. Brittleness determination of rocks by different methods[J]. International journal of rock mechanics and mining sciences & geomechanics abstracts,1974,11(10):389-392.

[4] 李庆辉,陈勉,金衍,等.页岩脆性的室内评价方法及改进[J].岩石力学与工程学报, 2012,31(8):1680-1685.

[5] JIN X C,SHAH S N,ROEGIERS J C,et al. Fracability evaluation in shale reservoirs: an integrated petrophysics and geomechanics approach[J]. SPE journal,2014,20(3): 518-526.

[6] 吴建南.公共管理研究方法导论[M].北京:科学出版社,2006.

[7] 毕克新,李婉红.国际科技合作知识产权保护与对策研究[M].北京:科学出版社,2012.

第5章　层次分析法综合评价页岩可压裂性

找到一种简单有效的评价页岩可压裂性的方法,对优选页岩气压裂储层及提高页岩气采收率有重要的作用。在可压裂性评价的相关文献中,除了第4章所考虑的参数脆性指数、脆性矿物含量、黏土矿物含量、黏聚力外,量化模型中常有内摩擦角及单轴抗压强度。尽管第4章中分析了内摩擦角与脆性因素的重复作用影响,但其变化趋势并不完全一致,且黏聚力的误差在0.07以内,对于小于1的评价指数来讲,并不是一个小数。

本章针对物理力学参数较全的岩心,考虑在量化模型中加入其他因素会否改变可压裂性结果。尝试在第4章模糊综合评价模型的基础上进行修正,加入单轴抗压强度和内摩擦角这两个参数,利用层次分析法进行量化。

同样利用经验法对各可压裂性影响因素进行分析,采用和积法确定各因素的影响权重,利用层次分析法得出综合模型,并对两种量化方法进行对比。利用分形几何方法描述压裂裂隙的复杂程度,分形维数越大,页岩的可压裂性越好,试验数据与所建可压裂性评价模型结果能够很好吻合。

5.1　可压裂性影响因素测量

5.1.1　岩心样品的准备

为了获取这些影响因素的数值,从中国东部某油田3 317.00～3 485.07 m埋深段开采了7组岩心,初始岩心是直径108～110 mm,长150 mm的柱状岩样。加工成25 mm×50 mm的圆柱形岩样,按照埋深分组,每组7～10个。剩下的初始柱状样品留作水力压裂试验,用以验证模型的正确性。岩样根据埋深分类,并分别用页岩1#到页岩7#标记。其中,页岩6#和页岩7#是从同一埋深处开采的,这两组岩样性质类似,如可压裂性评价结果相近,则说明可压裂性评价模型正确。

5.1.2　确定各影响因素的试验

利用中国矿业大学(北京)煤炭资源与安全开采国家重点实验室的超刚性伺服压缩机测试了岩样的物理力学参数,如弹性模量、泊松比以及单轴抗压强度,利用X-射线衍射装置分析了矿物组成,并利用三轴压缩测试系统测取了页岩的黏聚力和内摩擦角,试验设备如图5-1所示。

为了获取弹性模量、泊松比和单轴抗压强度的更真实的结果,我们采取加载速度为0.001 mm/s的位移控制加载方式。利用仪器记载了单轴应力-应变曲线以及抗压强度。对

（a）单轴抗压强度测试设备

（b）矿物成分测试设备

（c）三轴压缩测试系统

图 5-1　试验设备

每组岩样测取 3 块柱状岩样相关参数值，取平均值。页岩脆性指数通过弹性模量、泊松比计算而得。单轴抗压强度通过试验直接获取。

利用 X-射线衍射装置测得了页岩的矿物含量，计算出包含石英、长石以及白云石的脆性矿物含量，包含伊利石和蒙脱石的黏土矿物含量。利用三轴压缩测试系统测得页岩黏聚力和内摩擦角。相关试验细节详见文献[1-2]。黏聚力和内摩擦角可以使用 σ_1-σ_3 关系曲线和式（5-1）、式（5-2）求解：

$$\varphi = \arcsin[(m-1)/(m+1)] \tag{5-1}$$

$$C = -b(1-\sin\varphi)/(2\sin\varphi) \tag{5-2}$$

式中，φ 为内摩擦角，(°)；C 为黏聚力，MPa；m 为斜率；b 为关系曲线的截距[3]。

5.1.3　各影响因素试验数据

表 5-1 列出了页岩岩心的弹性模量和泊松比的试验结果以及脆性指数的计算结果。表 5-2 列出了 6 种参数的数值。

表 5-1　页岩岩心的弹性模量、泊松比及脆性指数

岩样	井段/m	弹性模量/($\times 10$ GPa)	泊松比	脆性指数
页岩 1#	3 317.00～3 317.50	3.86	0.23	0.49
页岩 2#	3 364.20～3 364.35	2.31	0.23	0.38
页岩 3#	3 396.60～3 396.90	0.79	0.22	0.29

表 5-1(续)

岩样	井段/m	弹性模量/(×10 GPa)	泊松比	脆性指数
页岩 4#	3 397.20～3 397.40	0.70	0.13	0.43
页岩 5#	3 398.15～3 398.35	1.73	0.10	0.55
页岩 6#	3 424.13～3 485.07	0.63	0.21	0.29
页岩 7#	3 424.13～3 485.07	0.47	0.14	0.40

注:此表中数据均是 2～3 块岩样的平均值。

表 5-2　各影响因素的数值

岩样	脆性指数	脆性矿物含量/%	黏土矿物含量/%	黏聚力/MPa	内摩擦角/(°)	单轴抗压强度/MPa
页岩 1#	0.49	72.6	14.8	25.0	17.0	99.15
页岩 2#	0.38	26.7	27.2	25.5	21.8	46.64
页岩 3#	0.29	61.0	29.8	14.8	19.6	66.19
页岩 4#	0.43	25.3	15.9	11.9	21.7	39.18
页岩 5#	0.55	28.9	21.7	14.6	22.9	91.66
页岩 6#	0.29	10.7	18.6	13.2	20.6	78.10
页岩 7#	0.40	14.3	11.1	34.3	23.6	59.80

注:此表中数据均是 2～3 块岩样的平均值。

5.2　层次分析法

层次分析法(analytic hierarchy process,AHP)是由 T. L. Saaty 在 20 世纪 70 年代提出的,该方法被广泛应用于求解选择排序问题[4]。层次分析法最显著的特征是计算简便,以及在处理综合评价问题上可以主观确定多重因素的权重,评价有效。页岩可压裂性评价的目的是评价所考察页岩资源可开采候选区,判断哪些地带或层段适于压裂,从而提高油气采收率,提高经济效益。因此,本章选取层次分析法构建页岩可压裂性评价模型,根据测得的相关参数评价页岩可压裂性。

一般来讲,层次分析法的计算步骤如下[5]。

第一步:构建代表决策问题的层次。

这一步选择最终需要判断问题的最重要影响因素,并把判别问题按照目标层、判别层和归属层分为 3 层,构架出层次结构。

第二步:构建判断矩阵(根据经验作出的主观判断)。

这一步构建一个影响因素之间两两对比的矩阵 $A = (a_{ij})$,根据主观经验和专家判断,表征各因素的对比值。矩阵元素取值含义如表 5-3 所示,其中 a_{ij} 代表因素 i 相较因素 j 对目标值的重要性取值。

表 5-3　根据经验判断的因素贡献对比值

a_{ij}	含　义
1	因素 i 和 j 相比,具有同等重要性
3	因素 i 和 j 相比,i 比 j 稍重要
5	因素 i 和 j 相比,i 比 j 明显重要
7	因素 i 和 j 相比,i 比 j 强烈重要
9	因素 i 和 j 相比,i 比 j 极端重要
2,4,6,8	上述相邻判断的中间值
倒数 $(1,1/3,1/5,\cdots,1/9)$	因素 i 和 j 相比,j 相对 i 的重要性尺度

第三步:导出各因素的权重。

每个因素的权重 w_i 都可以利用和积法分类方程确定。

第四步:对考察对象进行评判和排序。

这一步用来确定最适合的备选对象。计算公式为:

$$F^{(i)} = \sum_{j=1}^{6} w_j^{(i)} x_j^{(i)} \quad (i = 1,2,3,\cdots) \tag{5-3}$$

式中,$x_j^{(i)}$ 代表第 i 组岩心的第 j 个影响因素值;$F^{(i)}$ 代表第 i 组岩心的可压裂性系数。

5.3　影响因素的重要性分析

考虑上述影响因素是按照不同维度、不同的取值范围、不同的量级描述的,为了消除各参数取值的差异,把测得的 6 个参数取值进行归一化处理,然后利用层次分析法来评价可压裂性。归一化处理公式如下:

$$x_j = \begin{cases} (X - \min X)/(\max X - \min X) & (正向因素) \\ (\max X - X)/(\max X - \min X) & (负向因素) \end{cases} \tag{5-4}$$

式中,x_j 代表归一化结果;$\max X$ 和 $\min X$ 是影响因素的最大最小值;归一化因素 $x_j(j = 1,2,3,\cdots,6)$,分别代表页岩脆性、脆性矿物含量、黏聚力、黏土矿物含量、内摩擦角以及单轴抗压强度。

根据文献[6]中提出的内摩擦角大的页岩脆性大的观点,将内摩擦角作为页岩可压裂性的一个正向影响因素,加入评价模型中,同时单轴抗压强度也是需要考虑的页岩可压裂性的一个正向影响因素。

表 5-4 列出了不同页岩岩样的可压裂性影响因素的归一化结果,其中脆性因素没有再进行归一化处理,这是因为其取值范围已在 0～1 之间。根据计算出的归一化结果和前述对影响因素的分析,可知归一化结果越接近 1,该因素对岩样可压裂性影响越显著,正向影响越好。如果归一化结果越接近 0,则该因素对可压裂性影响越微弱。

表 5-4　影响因素的归一化结果

岩样	x_1	x_2	x_3	x_4	x_5	x_6
页岩 1#	0.49	1.00	0.80	0.42	0	1.00
页岩 2#	0.38	0.26	0.14	0.39	0.73	0.12
页岩 3#	0.29	0.81	0	0.87	0.39	0.45
页岩 4#	0.43	0.24	0.74	1.00	0.71	0
页岩 5#	0.55	0.29	0.43	0.88	0.89	0.88
页岩 6#	0.29	0	0.60	0.94	0.55	0.65
页岩 7#	0.40	0.06	1.00	0	1.00	0.34

计算得到符合压后缝网复杂程度的各个因素权重向量 $w_j (j = 1,2,3,\cdots,6)$：

$$w_j = (w_1, w_2, w_3, w_4, w_5, w_6) = (0.43, 0.3, 0.13, 0.07, 0.03, 0.03) \tag{5-5}$$

式中，$w_j (j = 1,2,3,\cdots,6)$ 代表因素脆性指数、脆性矿物含量、黏聚力、黏土矿物含量、内摩擦角以及单轴抗压强度的权重。

相应地，不同深度页岩储层的可压裂性系数可以由式(5-3)计算。

将各个影响因素的归一化结果(表 5-4 中数据)代入式(5-3)，即得 7 块岩心可压裂性评价结果，如图 5-2 所示。

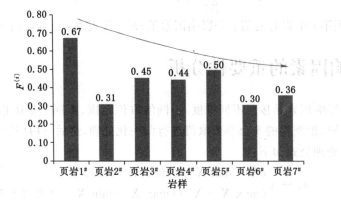

图 5-2　随深度变化的页岩可压裂性系数

页岩可压裂性系数介于 0～1 之间，上限 1 代表页岩可压裂性最好，下限 0 代表页岩可压裂性最差。由图 5-2 可知，本研究范围内页岩可压裂性系数随埋深增加有增大的趋势，尽管页岩 6# 和 7# 取自同深度不同区域，它们的物理力学参数不同，但可压裂性结果相近，这意味着在评价可压裂性时，只从一方面考虑是不够的，因此本研究采用多重因素评价量化可压裂性是必要的。

5.4　试验修正模型验证量化结果

5.4.1　页岩岩样三轴水力压裂试验

为使本研究所建立的页岩可压裂性评价模型真实可靠，对可压裂性评价模型进行验证，我们在初始岩样上做了三轴水力压裂试验,获取压裂效果。所选岩样为 1# 岩样(3 317.00～3 317.50 m) 和 2# 岩样(3 364.20～3 364.35 m),直径 108～110 mm,高 100 mm。图 5-3 是水力压裂试验设备和岩样照片。岩样外用边长290 mm,高 350 mm 的混凝土管封闭,以和水力压裂设备尺寸吻合。试验中模拟页岩气储层应力状态,对岩样施加水平最大主应力 13 MPa、最小主应力 10 MPa,垂直应力 20 MPa。结果表明,1# 岩样破坏的压裂应力为 18.38 MPa,2# 岩样破坏的压裂应力为 36.9 MPa。

(a) 设备　　　　　　　　　　　　(b) 岩样

图 5-3　水力压裂试验设备和页岩岩样

5.4.2　CT 扫描试验

水力压裂之后,需要对裂缝信息进行捕捉。目前对实验室尺度的岩石裂隙三维结构图像信息获取的主要途径有扫描电子显微镜和聚焦离子切割结合的方法(SEM-FIB)和工业 CT 技术。由于 SEM 只能观察裂缝表面信息,因此需要先利用 FIB 将试件切割成一系列的薄片,再通过 SEM 观察二维裂隙表面,最后将这些图像进行叠加,以获得岩石内部的三维裂隙结构。但切割再精确、快速总归是有伤害的,尤其是压裂后的页岩,脆性强,切割还是会对裂隙结构产生影响。CT 技术具有无损性、高精度,进来已被广泛应用于岩石内部裂隙的捕获。本研究利用中国矿业大学(北京)煤炭资源与安全开采国家重点实验室的 ACTIS 300-320/225 型工业 CT 设备对压裂后试件进行扫描。压裂岩样后,将其放置到精确度为 4 μm 的工业 CT 设备上,扫描得到多张二维数字图像,分别进行预处理、二值化,得到仅包含黑白点的二值图;将二值图导入 Mimics,生成三维透视压裂裂缝的图像。图 5-4 即压裂岩心的 CT 扫描图重构后的 3-D 图片,由图片可看到岩样内部压裂状态。

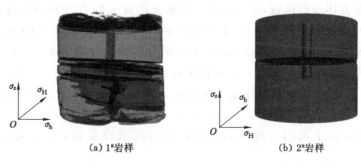

(a) 1# 岩样　　　　　　　　　　(b) 2# 岩样

图 5-4　1# 岩样和 2# 岩样压裂后的 3-D 重构图

5.4.3　压裂缝网表征方法

裂隙度和岩石的可压裂性是有很强的正相关性的,裂隙度通常用岩石裂隙的多少、分布、复杂程度量化。为了用裂隙度对页岩可压裂性进行检测,我们利用分形几何方法来量化用工业 CT 设备扫描得到的二维横向截面图。分形维数可以反映裂隙聚集程度以及裂隙的复杂程度和不规则性,裂隙的分形维数越大,裂隙网络就会越发育越复杂[7-8]。基于岩样的分形维数越大意味着生成的缝网越复杂,可压裂性越好,可对可压裂性评价模型中权重方案给予调整以使可压裂性评价结果达到最佳。图 5-5 是所选岩样的一个二维横截面扫描图经过二值化变换图像处理后的结果图。此外,图 5-5 也给出了利用盒维数方法计算岩样裂隙网络分形维数的方法示意。其中二维图的分形维数可以用以下方程得到:

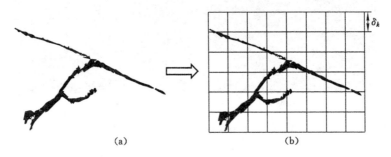

(a)　　　　　　　　　　　　(b)

图 5-5　裂隙二值化 CT 图像以及盒子覆盖

$$D_{\mathrm{F}} = -\lim_{\delta_k \to 0} \frac{\ln N_{\delta_k}}{\ln \delta_k} \tag{5-6}$$

式中,D_{F} 代表裂隙网络的分形维数;δ_k 为第 k 次覆盖盒子的边长;N_{δ_k} 代表覆盖裂隙的边长为 δ_k 的盒子数;k 代表第 k 次覆盖。裂隙的二值化图利用边长为 δ_k 的盒子覆盖,输出需要的最少盒子数 N_{δ_k}。下一步用边长为 δ_k 一半(边长为 δ_{k+1})的盒子继续覆盖,并数出盒子数 $N_{\delta_{k+1}}$。继续重复这样的工作,用边长减半的盒子覆盖,数出盒子数。这样可以得到两个数列 $\{N_{\delta_k}\}$ 和 $\{\delta_k\}$,利用两数列对应点,画出双对数曲线 $\ln \delta_k$-$\ln N_{\delta_k}$,再用最小二乘法拟合出直线,该直线斜率的相反数即所求分形维数 D_{F}。对上述两组岩心,用工业 CT 设备各扫描 276 张横截面照片,并重构组合成三维网络图片。利用课题组自行开发的分形维数计算方法,计算两组岩心三维裂隙网络的分形维数。

把上述方法应用到水力压裂缝网上,对重构的三维立体图像中代表裂缝的黑色点利用边长不同的立方体进行覆盖,分别记录每次覆盖的盒子数 N_δ 和对应边长 δ,然后利用最小二乘法回归得到因变量 N_δ 和自变量 δ 的 $\lg N_\delta$-$\lg \delta$ 直线,其斜率的相反数即分形维数。计算得到 1# 岩样和 2# 岩样在水力压裂后的分形维数分别为 2.88 和 2.01。从分形维数结果可知,1# 岩样比 2# 岩样压后缝网更加丰富,这也就意味着 1# 岩样比 2# 岩样的可压裂性更好,且 2# 岩样压后几乎是一个平面。调整后的可压裂性评价模型结果中 1# 岩样可压裂性系数最大,2# 岩样可压裂性系数最小。分形维数结果用于修正模型中因素权重的同时,也验证了我们所提出的页岩储层可压裂性量化评价方法的可靠性和有效性。

5.5　两种量化方法下可压裂性结果对比

本书基于模糊综合评价法和层次分析法,分别利用 4 个和 6 个可压裂性影响因素建立可压裂性量化评价模型。部分岩心可压裂性影响参数数据相同,现就相同参数的两种方法可压裂性量化结果进行对比分析。

第 4 章的模糊综合评价法和第 5 章的层次分析法是分别在模糊数学和统计学大背景下的实用的综合评价方法。本书在使用两种方法量化时都利用和积法确定权重,但由于考虑因素个数不同,因素的影响会有分散化效果,两种方法即使同一因素的权重也不同。在模糊综合评价法中,脆性指数、脆性矿物含量、黏聚力、黏土矿物含量的权重分别为 0.51,0.33,0.11,0.05;层次分析法在脆性指数、脆性矿物含量、黏聚力、黏土矿物含量这四个参数的基础上加入了内摩擦角和单轴抗压强度,计算得到的权重分别为 0.43,0.3,0.13,0.07,0.03,0.03。通过对比观察这两种量化模型下,影响因素不同,权重不同,量化结果的差别会有多大。将第 4 章和第 5 章对相同井段岩心的相同参数数据的第 3 组、第 5 组、第 7 组、第 8 组、第 10 组以及第 11 组岩样的最终量化结果在同一张图中画出,以作对比,如图 5-6 所示。

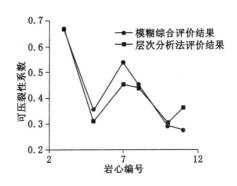

图 5-6　两种量化方法的可压裂性结果对比

如图 5-6 所示,两种量化方法的可压裂性结果相似度很高,但又有细微差别。对第 11 组岩心,利用模糊综合评价法计算的结果相对层次分析法略低;而第 7 组岩心可压裂性的模糊综合评价法数值相对层次分析法略高。

两种方法量化结果整体上的高度相似性说明,在粗评可压裂性时,两种方法均可,但显然使用四个参数的模糊综合评价法更为便捷。因此,在确定设井层位时,模糊综合评价法在减少参数测试工作量的同时,也会使计算量大大减少,从而提高评价效率。但若最终确定设井方位,需要进一步细化可压裂性情况,则考虑更多因素的层次分析法更为适用。

参 考 文 献

[1] 杨永明,鞠杨,陈佳亮,等.三轴应力下致密砂岩的裂纹发育特征与能量机制[J].岩石力学与工程学报,2014,33(4):691-698.

[2] 杨永明,鞠杨,毛灵涛.三轴应力下致密砂岩裂纹展布规律及表征方法[J].岩土工程学

报,2014,36(5):864-872.

[3] JU Y, YANG Y M, YUAN J L. Research report for Shengli Oilfield Company SINOPEC[R]. China University of Mining and Technology,Beijing,2013.

[4] SAATY T L. The analytic hierarchy process: planning, priority setting, resource allocation[M]. New York:McGraw-Hill,1980.

[5] LARRODÉ E, MORENO-JIMÉNEZ J M, MUERZA M V. An AHP-multicriteria suitability evaluation of technological diversification in the automotive industry[J]. International journal of production research,2012,50(17):4889-4907.

[6] 李庆辉,陈勉,金衍,等.页岩脆性的室内评价方法及改进[J].岩石力学与工程学报,2012,31(8):1680-1685.

[7] JU Y,ZHENG J T,EPSTEIN M,et al. 3D numerical reconstruction of well-connected porous structure of rock using fractal algorithms[J]. Computer methods in applied mechanics and engineering,2014,279:212-226.

[8] 隋丽丽,杨永明,鞠杨,等.岩石可压裂性分形描述方法初探[J].力学与实践,2014,36(6):753-756.

第 6 章　简化分形指数量化岩石裂隙网络

准确定量地刻画和表征岩体复杂裂隙网络结构对于认识和掌握地震发生机理、地质滑坡影响因素、地下油气资源与地热开采机理与效果的评价方法、CO_2 运移与地质封存机理、地下水与污染物迁移规律等具有极其重要的意义。在第 2 章已经确定分形维数与可压裂性相关，并且通过试验验证了岩石裂隙越复杂，分形维数越大这一结论，进而提出一种新的用压裂裂隙分形维数来评价岩石可压裂性的研究方向，它为定量分析和评价岩石可压裂性与储层开采价值提供了一个新的思路。事实上，分形维数作为有效的量化指标，已经被广泛用于岩石裂隙量化上。然而，大多数关于分形维数的研究，要么数值结果的变化趋势不稳定，要么在描述时很难选择合适的测量尺度，所以最终得到的分形维数不够稳定、准确，总会出现一些问题。问题的出现归咎于分形维数的计算方法都基于最小二乘法得到的回归数值解，而回归结果会受节点选取或测量尺度的影响。

为解决上述问题，本章提出一个新的计算指数——简化分形指数，以简化分形维数的量化过程。简化分形指数可捕捉到岩石裂隙网络的复杂性，避免了原有分形计算中取极限的计算过程，在计算中不需要使用最小二乘法，从而避免量化结果的不稳定性。并利用二维和三维裂隙图片说明简化分形指数刻画不同分形集的复杂性。计算过程说明简化分形指数是一个计算简便、结果稳定的指数，且图形特征越复杂，简化分形指数越大。通过三维煤岩试验发现，简化分形指数越大，岩石渗透率越高。由于简化分形指数的计算简便性，该指数除了描述岩石裂隙之外，还可方便地应用于其他领域。

6.1　岩石裂隙缝网的概况

在岩石工程中，经常会涉及地下硐室、边坡等的稳定性分析，而这些工程岩石的开挖面常常分布着大量的结构面。岩石中的结构面，除了确定的规模较大的断层外，还包含成千上万的节理与裂隙，这些微小的节理与裂隙严重地影响着岩石的各种力学特性。而对于这些交错分布的岩石裂隙，我们可以将其看作一种网络形态，因此怎样应用复杂网络理论中相关参数对这种岩石裂隙进行量化成了非常重要的研究方向。量化岩石裂隙网络对理解裂隙几何结构、研究裂隙发育机制以及应用到裂隙储层相关模型上都很重要。像地震就是起于某一点裂隙的延展，裂隙的结构描述可以用来进行地震预测，量化裂隙就是估计地震可靠性的一项必要工作[1-2]；裂隙长度增加会增加滑坡概率，因此，裂隙量化对滑坡的发生规模预判起决定作用[3]；并且裂隙量化对分析地热回收问题也很关键[4]；同时，裂隙演化的可视化以及量化工作也是研究 CO_2 的运移和地质封存规律以及渗透率变化的基础[5]；精确的岩石裂隙量化结果和CO_2储量预测息息相关[6];岩石裂隙也是油气、地下水以及污染物的重要运移通道[6-8],合适的裂隙量化结果不仅对岩石强度和可变形性研究有帮助,对流体模型构建也有益,从而指导地震和滑坡的预测问题[9]。

6.1.1　分形几何与岩石裂隙缝网

为了量化岩石裂隙,产状、长度、密度以及裂隙空间指数都被用来作为裂隙表征参数[10-12]。刘月田等通过重新定义裂缝倾角和裂缝方位角,来对裂缝渗透率各向异性参数进行表征[10];O. O. Blaked 等研究了岩石裂隙密度和应力状态与岩石静动态体积模量之间的关系[11];X. J. Li 等利用概率加权矩估计法和 L-矩估计法准确描述不同尺寸的记录道数据,从而对断裂轨迹长度分布进行表征[12]。然而,裂隙的整体层次却不能被这些参数的任何一个所刻画[13]。比如,裂隙长度和宽度是在有限的尺度下测量的,并且结果仅能反映每个单个裂隙或者平均裂隙空间的特征,而不能表征裂隙空间的整体层次或者说不同尺度下的岩石裂隙网络。

由于分形维数可以描述裂隙网络集合在不同尺度下的层级,自从巴顿(C. C. Barton)提出二维自然裂隙迹长的分形描述方法后,该方法已经被广泛应用于裂隙网络的量化上[14]。分形维数的计算方法很多,针对岩石裂隙常用的分形描述方法有面积周长法、计盒维数法、相关维数法、小岛维数法、指数频谱法和变差函数法等,其中计盒维数由于体现了分形集的尺度不变性和自相似性,一直被用来描述分形集中的尺度不变性[15]。Y. J. Liang 用计盒维数描述了裂隙网络的粗糙性以及分布情况[16];M. S. Hossain 等利用计盒维数描述了诱发裂隙的非均匀性和非齐次性[17]。然而在描述自然裂隙和纯随机网络时,计盒维数考虑的自相似性是不满足的,相关维数则可以给出更合适的量化结果[18]。P. Davy 等就曾利用关联维数和长度指数这两个重要的参数建立了裂隙网络的生长模型,并且应用这个模型模拟了二维裂隙的生长状况[19]。关联维数也被用来研究渗滤域以及裂隙网络的连续性[20]。

分形几何已经被广泛地应用于研究裂隙的不规则性,被看作一个有效的量化参数。然而,随着分形维数使用热度的增加,随之而来的问题也出现了。例如,当把分形维数和裂隙机制相关联时,并未找到准确的关系表达[21]。赵海英等曾对比过用不同分形维数计算的同一组分形集的结果,发现不仅用不同方法算出的分形维数不同,连变化趋势也不一致[22],这势必会给裂隙量化以及裂隙相关问题研究带来困扰。事实上,不论是计盒维数还是相关维数都是利用最小二乘法回归出的极限结果,而回归结果会随着步长选取不同差别很大[23]。因此,工程实践中得到的分形维数往往是不稳定的,使用不同的步长得到的结果会有很大的差异,这样采用不同的计算方法,甚至采用同一方法由不同人计算都会得到不同的结论,从而使利用裂隙量化结果的评价模型产生误差。

6.1.2　几种分形维数定义及计算方法

人们往往是从一维空间开始接触维数这个概念的,也就是平面上的线、点,延伸到更高阶层就是二维空间、三维空间,我们直观感受到的具体几何形体是不超过三维的整数维;而对于像科赫曲线[24]这种分形曲线,以无限长度挤在有限的面积之内,是占有空间的,它的维数比一维要多,但不及二维,也就是说它的维数在 $1\sim2$ 之间,维数是分数。简单来说,有限中的无限,就会形成分维,而将这种现象扩展到 N 维时,将它分成 r 部分,所产生的物体的维就可以用豪斯多夫维数来计算,它是一种最基本的维数计算方法。在其基础上,分形维数的定义有很多种,本章总结了几种常见的分形维数定义及计算方法。

(1) 豪斯多夫维数(Hausdorff dimension)[25]

豪斯多夫测度:若 $\{U_i\}$ 是覆盖 F 直径至多为 σ 的一个可数(或有限)集族,即 $F \subset U_i$ 且对每个 i,$0 < |U_i| < \sigma$,称 $\{U_i\}$ 是 F 的一个 σ 覆盖。

假设 $F \subset R^n$ 且 s 是一个非负实数。对任意 $\delta > 0$,我们定义:

$$H_\delta^s(F) = \inf\left\{ \sum_{i=1}^\infty |U_i|^s : \{U_i\} \text{ 是 } F \text{ 的 } \delta\text{- 覆盖} \right\} \tag{6-1}$$

当 δ 递减时,下确界 $H_\delta^s(F)$ 递增,故当 $\delta \to 0$ 时 $H_\delta^s(F)$ 趋于一个极限,记:

$$H^s(F) = \lim_{\delta \to 0} H_\delta^s(F) \tag{6-2}$$

对 R^n 的任意子集 F,这个极限是存在的,但极限值可以是非负有限实数或 ∞,称 $H^s(F)$ 是 F 的 s 维豪斯多夫测度。

豪斯道夫维数:对于式(6-1),任意给定的 F 和 $\delta < 1$,$H_\delta^s(F)$ 是 s 的减函数,故由式(6-2)可知 $H^s(F)$ 也是 s 的减函数。若 $t > s$ 且 $\{U_i\}$ 是 F 的一个 σ 覆盖,则:

$$H_\delta^s(F) \leqslant \sum_i |U_i|^t \leqslant \delta^{t-s} \sum_i |U_i|^s \tag{6-3}$$

故取下确界到 $H_\delta^s(F) \leqslant \sum_i \delta^{t-s} H_\delta^s(F)$,令 $\delta \to 0$,可知若 $H^s(F) < \infty$,则对 $s < t$ 有 $H^t(F) = 0$。因此,存在 s 的一个临界值,在该点处 $H^s(F)$ 从 ∞ "跳跃"到 0。这个临界值称为 F 的豪斯多夫维数,记为 $\dim_H F$。形式上有:

$$\dim_H F = \inf\{s: H^s(F) = 0\} = \sup\{s: H^s(F) = \infty\} \tag{6-4}$$

故

$$H^s(F) = \begin{cases} \infty & s < \dim_H F \\ 0 & s > \dim_H F \end{cases} \tag{6-5}$$

若 $s = \dim_H F$,则 $H^s(F)$ 可能是 0 或 ∞,或可能满足

$$0 < H^s(F) < \infty$$

满足最后条件的 Borel 集称为 s-集。在数学上,s-集是最便于研究的集合,也是最常出现的。

上述定义为分形维数最初的数学上的一种严格定义形式,抽象且难以计算,按这种方式在工程中应用,技术实现非常困难。陈建安总结豪斯多夫维数计算方法如下。

设一个整体 U 可划分为 N 个大小、形态完全相同的小图形,每一个小图形的线度是原图形的 r 倍,则豪斯多夫维数为:

$$D_H = \lim_{r \to 0} \frac{\ln N(r)}{\ln 1/r} \tag{6-6}$$

式中,$N(r)$ 表示整体所包含的小图形的个数。

若把一个几何对象的线度放大 L 倍,放大几何体是原来几何体的 K 倍,则该对象的维数为:

$$D_H = \frac{\ln K}{\ln L} \tag{6-7}$$

(2) 计盒维数(box-counting dimension)[25]

设 F 是 R^n 的非空有界子集，$N_\delta(F)$ 是覆盖 F 的直径至多为 δ 的集的个数。F 的下、上计盒维数分别定义为：

$$\underline{\dim}_B F = \varliminf_{\delta \to 0} \frac{\ln N_\delta(F)}{-\ln \delta}$$

$$\overline{\dim}_B F = \varlimsup_{\delta \to 0} \frac{\ln N_\delta(F)}{-\ln \delta}$$

若它们是相等的，称其公共值为 F 的计盒数维数或盒维数：

$$\dim_B F = \lim_{\delta \to 0} \frac{\ln N_\delta(F)}{-\ln \delta} \tag{6-8}$$

等价定义：

若极限存在，这里的 $N_\delta(F)$ 可以为下列之一。

① 覆盖 F，半径为 δ 的闭球列的最小个数。

② 覆盖 F，边长为 δ 的立方体的最小个数。

③ 与 F 相交的 δ-立方体网的个数。

④ 覆盖 F，直径至多为 δ 的集列的最小个数。

⑤ 中心在 F 中，半径为 δ 的不交球列的最大个数。

（3）相似维数（similar dimension）[26]

设分形的整体 S 是由 N 个非重叠的部分组成的，如果每一个部分 S_i 放大 $\frac{1}{r_i}$ 倍后可与 S 全等（$0 < r_i < 1, i = 1, 2, \cdots, n$），并且 $r_i = r$，则相似维数为：

$$D_S = \frac{\ln N}{\ln 1/r} \tag{6-9}$$

如果 $r_i(i = 1, 2, \cdots, n)$ 不全等，则定义：

$$\sum_{i=1}^{N} r_i^{D_S} = 1 \tag{6-10}$$

相似维数与计盒维数的定义很相似，在工程应用中，两种方式是没有区别的，在数学定义中的区别在于，计盒维数基于覆盖图形角度，相似维数基于图形本身的放大或缩小。

（4）李雅普诺夫维数（Lyapunov dimension）[26]

李雅普诺夫维数是利用李雅普诺夫指数来定义的。考虑 N 维空间在某个时刻 t，两个点在 i 轴上相隔距离 $L_i(t)$，经过时间 τ 后，这两个点的距离为 $L(t + \tau)$，那么李雅普诺夫指数为：

$$\lambda_i = \frac{1}{\tau} \lg \frac{L(t + \tau)}{L_i(t)} \quad (i = 1, 2, \cdots, N) \tag{6-11}$$

若 $\lambda_i > 0$（或 $\lambda_i < 0$），表示这两个点沿 i 轴按指数函数逐渐分开（或接近），这时李雅普诺夫分形维数为：

$$D_L = j - \frac{\lambda_1 + \lambda_2 + \cdots + \lambda_j}{\lambda_j} \tag{6-12}$$

式中，$j = \min\left\{n \mid \sum_{j=1}^{n} \lambda_j < 0\right\}$，即 j 表示 $\lambda_1 + \lambda_2 + \cdots + \lambda_j$ 之和为负值时的最后一个 λ 的下标值。

（5）关联维数（correlation dimension）[27-28]

关联维数是基于试验数据提取分维的一种方法,是从少量的数据序列中提取维数的一种算法。1983 年,学者提出了关联维数:

$$D_C = \lim_{\delta \to 0} \frac{\ln C(\delta)}{\ln \delta} \tag{6-13}$$

式中,$C(\delta) = \lim\limits_{N \to \infty} \dfrac{1}{N^2} \sum\limits_{i,j=1}^{N} \theta(\delta - |x_i - x_j|)$,称为关联积分,旨在计算嵌入空间中距离小于或等于 δ 的点对出现的概率;θ 为海维赛德函数。

关联维数在工程中使用较多,已经有了很多算法,其中最主要的就是遗传算法,目前提出来的一些其他算法大都是遗传算法的改进。

(6) 信息维数(information dimension)[28]

如果不像计盒维数定义中仅仅考虑覆盖分形集所需球的个数,而考虑元素在覆盖中出现的概率,得到的维数便是信息维数。假定将分形体用边长为 δ 的正方体分割为 $N(\delta)$ 份,若分形集的元素出现在第 i 个单元的概率为 P_i,则此时总信息量为:

$$I(\delta) = -\sum_{i=1}^{N} P(\delta) \ln P(\delta) \tag{6-14}$$

信息维数为:

$$D_I = \lim_{\delta \to 0} \frac{I(\delta)}{\ln \delta} \tag{6-15}$$

由定义可看出,在等概率情况下,即 $P_i = \dfrac{1}{N}$ 的情况下,信息维数等于豪斯多夫维数。

以上分形维数的测定方法如下。

① 根据测度关系求维数:该方法是利用分形具有非整数维数的测度来定义维数的。该方法与改变观察尺度求维数的方法不同的是,一旦所选的单位长度、单位面积或单位体积的量确定后就不可以改变,因此,要提高分形维数的测量精度,应尽可能减小这些量的单位。

② 改变观察尺度求维数:该方法用圆、球、线段、正方形、立方体等具有特征长度的基本图形去近似分形图形。用此方法可求复杂形状海岸线的分形维数、复杂工程或三维图形的分形维数等。

③ 用相关函数求维数:该方法用基本的统计量之一的相关函数求分形维数。

④ 用分布函数求维数:该方法通过观察某个对象的分布函数求分形维数。

分形维数有多种不同的定义是为了适用于不同特征的分形集,要找到对任何事物都合适的定义并不容易。随着需要测定分形维数的对象变化,就某一分形维数的定义而言将会变得不再适用。

为解决上述问题,本章综合分形的自相似思想以及头尾分割法开发了一个新的分形量化指数——简化分形指数(SFI)。这个所谓的 SFI,可看作分形维数的补充,是为了使岩石裂隙结构可视化并有效便利地描述岩石裂隙的复杂程度。SFI 用来量化岩石裂隙时结果稳定性好,不需要考虑步长,且能够从二维裂隙的量化方便地拓展到三维裂隙上,所以不会存在表达关系不准确、计算维数值不稳定等一系列问题。SFI 越大,裂隙特征的复杂性越强。SFI 可用来描述分形集的复杂性和不规则性,且可避免计算过程的极限运算。

6.2 裂化岩石裂隙网络方法与思路

6.2.1 头尾分割方法简介

头尾分割的目的是避免分形维数计算中的极限运算,避开分形集的尺度问题。头尾分割是作为分形维数之外的一个可选量化方法而提出的,是根据分形集的长尾分布特征而提出的用来描述分形集的尺度结构或者层级的[29]。头尾分割的量化指数是 head/tail 指数(ht 指数)。ht 指数的基本计算原理是分形集合的长尾分布或右倾分布[30-31]。头尾分割的过程就是根据集合的几何、拓扑或语义特征,利用所考察量的平均值把整个集合分成两部分,一部分是由少数的大值构成的头部,另一部分是由多数的小值构成的尾部,去掉尾部,保留头部。然后对保留的头部重复这个分割过程,直到"小的多大的少"这个长尾分布原则被破坏,分割停止,ht 指数就是上述的分割次数加 1[32]。

谢尔平斯基镂垫是一种重要的自相似分形集:设 E_0 是一个边长为 1 的等边三角形,先把 E_0 均分成四个等边三角形,其中每个等边三角形的高为 E_0 的高的 1/2,再去掉那个与原等边三角形方向相反的小等边三角形,从而得到 E_1;对每个等边三角形进行相同的构造,用同样的步骤依次进行下去可以得到一个集合序列 $\{E_n\}$,其极限集就称为谢尔平斯基镂垫。例如,图 6-1(a)所示迭代一步的谢尔平斯基镂垫包含 3 个边长为 1/2 的等边三角形,不满足"小的多大的少"这个原则,因此对图 6-1(a),ht 指数是 1。对图 6-1(b),分别用边长 1/2 和 1/4 来度量这个集合,将分别包含 3 个和 9 个部分,面积的第一个平均值

$$\text{mean1} = \frac{3 \times \frac{1}{2 \times 2^2} + 3^2 \times \frac{1}{2 \times 2^4}}{3 + 3^2} = \frac{7}{128},$$ 这个平均值把整个集合分成 3 个面积为 1/8 的部分

(高于平均值的头部)和 9 个面积为 1/128 的部分(低于平均值的尾部)。然后分割即会停止,因为头部的 3 个部分数值是相同的,基本原则"小的多大的少"不满足。因此图 6-1(b)的 ht 指数是 $1+1=2$。同样的计算过程对图 6-1(c),得到 ht 指数是 $2+1=3$。在 B. Jiang 提出这种方法时,他认为该方法可以捕捉到两个分形维数相同的集合之间的差别,并且可以洞察出分形集合的演化程度;他还认为 ht 指数可作为分形集的补充形式,描述集合时,集合越复杂,ht 指数越大[29]。

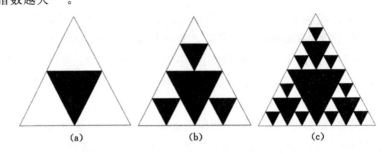

图 6-1 同样分形维数的谢尔平斯基镂垫的前三步迭代

由上述关于 ht 指数的叙述可看出,必然存在两个具有同样 ht 指数但分形维数不同的集合。如科赫曲线和谢尔平斯基镂垫,分形维数分别是 ln 4/ln 3 和 ln 3/ln 2,如考虑三步

迭代的科赫曲线和三步迭代的谢尔平斯基镂垫(图 6-2),两幅图的分形维数不同,但 ht 指数是相同的。如对科赫曲线,按照头尾分割计算方法,在三步迭代时,ht 指数为 3,而四步迭代时,ht 指数为 4(图 6-3),这是因为四步迭代时,将有 256 个长度为 $\frac{1}{3^4}$ 的线段,按照 ht 指数算法,第一个均值 $mean1 = \dfrac{4 \times \frac{1}{3} + 4^2 \times \frac{1}{3^2} + 4^3 \times \frac{1}{3^3} + 4^4 \times \frac{1}{3^4}}{4 + 4^2 + 4^3 + 4^4} \approx 0.025$,去掉小于 mean1 的"尾"线段,即去掉 256 个长度为 $\frac{1}{3^4}$ 的线段,第二个均值 $mean2 = \dfrac{4 \times \frac{1}{3} + 4^2 \times \frac{1}{3^2} + 4^3 \times \frac{1}{3^3}}{4 + 4^2 + 4^3} \approx 0.065$,再按这个均值,去掉剩下线段的"尾",再对"头"继续进行分割,$mean3 = \dfrac{4 \times \frac{1}{3} + 4^2 \times \frac{1}{3^2}}{4 + 4^2} \approx 0.156$,这时去掉"尾"线段,只剩四段长度为 $\frac{1}{3}$ 的"头",分割到此结束,ht 指数为迭代次数 3 加 1,即 4。

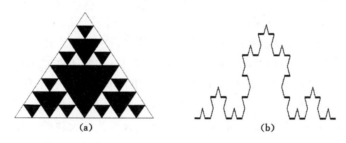

图 6-2 三步迭代的谢尔平斯基镂垫和科赫曲线

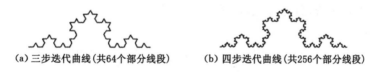

(a) 三步迭代曲线(共64个部分线段)   (b) 四步迭代曲线(共256个部分线段)

图 6-3 科赫曲线迭代结果

上述结果意味着 ht 指数的确反映了曲线的层级特点,能够刻画出分形维数相同的对象的差别,但未能很好地和分形维数概念衔接,且未能真正细化分数维图形特点。

再如图 6-4 中两幅岩石裂隙网络,图(b)裂隙较图(a)的更为发育,然而根据两幅裂隙网络图的 ht 指数计算方法,可得 ht 指数均为 3,这说明 ht 指数在补充量化分形特征时仍显粗糙,未体现两幅图复杂程度的差别。

ht 指数计算方法虽然立意新颖,简便易懂,但这样的量化结果未能很好地把整数维作为分数维的特殊情况对待,也未能准确量化图形复杂程度和布满空间程度,不能达到分形图形量化的效果,因此需要对 ht 指数计算方法进行修正。

因此,头尾分割法并未真正捕捉到图形的分形信息,不能刻画出分形维数对图像的表征特点,也没有体现出分形图形越复杂,ht 指数越大的特性。

ht 指数只能说是一个层级量化参数,并不能被理解为包含分形信息,更不用说能够表

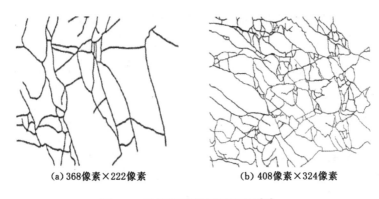

(a) 368像素×222像素　　　　　　(b) 408像素×324像素

图 6-4　两幅岩石裂隙网络图形[33]

征图形的复杂性。然而,头尾分割思想给研究分形集合提供了有效的工具和好的思路。原有分形维数是一个极限形式,根据这个严格的定义很难获得真正的分形维数结果。我们可以利用头尾分割法根据分形集合的长尾分布特征对分形集合进行分割,获得分形集合的层次,然后根据层级结构利用分形中的多重分形和自相似分形理论研究有限层级的维数,从而避免原有分形维数计算中的极限运算。

在岩石工程中,除了可以确定的较大规模的断层外,还包含着成千上万的节理与裂隙,这些微小的节理与裂隙严重地影响岩石的各种力学特性,也更有可能在演化过程中扩展裂隙空间,增加渗透率。"小部分"有大效果,而在分形集中对"大块头"的研究是很容易的。因此本研究在应用头尾分割思想时,采取的保留去除机制和原有的头尾分割是相反的,我们用集合考察量值的平均值对分形集合进行划分,得到包含少数的大块作为头部,包含多数的小块作为尾部,并保留尾部,去掉头部,重复这个分割过程,直到"小的多大的少"这个原则被破坏,我们选取的比例标准为头尾数量比例大于 40%。

6.2.2　工程中常用的分形维数及最小二乘法

(1) 计盒维数

分形几何的研究工具是以不同定义方式呈现的维数。在欧几里得几何空间里,大家熟悉的几何状态是,一条光滑曲线由两个比例为原图形尺度一半的光滑曲线片段所构成,这部分的维数是 ln 2/ln 2,是一维的几何体;一个正方形可看成是由 4 个尺度是它一半的小正方形所构成的,可得到维数计算公式是 ln 4/ln 2,等于 2;一个立方体是一个三维图形,可看作由 8 个边长为原图形一半的图形构成,即维数计算公式是 ln 8/ln 2。同时,一些病态集合也由同样的方式在分形几何中被研究。科赫曲线由 4 个尺度为原图形 1/3 的副本所构成,按上述维数计算方法,科赫曲线维数即 ln 4/ln 3;谢尔平斯基镂垫由 3 个尺度为原图形 1/2 的副本构成,维数即 ln 3/ln 2。分形维数是欧几里得维数的延续和扩充,提供了一种描述集合布满空间程度的量化指标,且能量化出一个集合的不规则性[33]。分形集合的自相似性是分形研究的基础也是核心思想。计盒维数是定义分形维数的若干种方法之一。对于很多定义良好的分形来说,这些不同分数维的值是相等的。特别是当分形满足开集条件时,这些维数一致。在分形几何中,计盒维数也称为盒维数、闵可夫斯基维数,是一种测量分形维数的计算方法。计盒维数法的基本过程是把一个分形放在一个均匀分割的网格上,计算最少需要几个格子来覆盖这个分形。通过对网格的逐步精化,查看所需覆盖数目的变化情况,从而计算出计盒维数。计盒维数可以用式(6-16)计算[34]：

$$D_B = -\lim_{r \to 0} \frac{\ln N}{\ln r} \tag{6-16}$$

式中，N 为能够覆盖分形图形的尺度最大为 r 的盒子的最少数目。计盒维数由于计算的便利性，一直被广泛使用。

（2）关联维数

由于计盒维数的计算方式要求所考察集合具有自相似性，学者们发现关联维数更适用于"自然"的数据集，这是由于关联维数放宽了经验测度[35]。分形集合中每个状态变量随时间、空间的变化都是和与之相互联系的其他状态变量相互作用而产生的。为重构一个等价的状态空间，只要考虑其中一个状态变量的时间、空间演化序列，然后按某种方法构建新维。如果有一等间隔的时间序列：$\{n_1, n_2, n_3, \cdots, n_i, \cdots\}$，就可以用这个时间序列重构一个 k 维空间。方法是：首先取 $N_i(i = 1, 2, 3, \cdots, k)$ 确定 k 维空间中第一个点 N_1；然后取 $N_{i+1}(i = 1, 2, 3, \cdots, k)$ 构造第二个点 N_2 …… 依此类推，就可以构造出 k 维空间中的 m 个点：

$$\begin{cases} N_1(n_1, n_2, \cdots, n_k) \\ N_2(n_2, n_3, \cdots, n_{k+1}) \\ \qquad \vdots \\ N_m(N_m, N_{m+1}, \cdots, N_{k+m-1}) \end{cases}$$

点与点之间的距离越近，其关联程度越高，所以类似豪斯多夫维数，关联维数的定义如下[36]：

$$D_C = \lim_{r \to 0} \frac{\ln C(r)}{\ln r} \tag{6-17}$$

式中，$C(r)$ 为集合中距离小于 r 的点对数占分形集合中的点对数比例[37]。

（3）最小二乘法

最小二乘法（又称最小平方法）是一种数学优化技术。它通过最小化误差的平方和寻找数据的最佳函数匹配。利用最小二乘法可以简便地求得未知的数据，并使得这些求得的数据与实际数据之间误差的平方和最小。最小二乘法还可用于曲线拟合。其他一些优化问题也可通过最小化能量或最大化熵用最小二乘法来表达。无论是计盒维数还是相关维数，它们都使用最小二乘法作回归分析，利用回归得到的直线斜率的相反数作为分形维数。

最小二乘法的原理是：找到最好的拟合函数 $y = ax + b$，使试验测得的数据和拟合数据的纵坐标差的平方和最小。当计算计盒维数 D_B 和关联维数 D_C 时，在拟合直线时，因变量分别是 $\ln N$ 和 $\ln C(r)$，自变量都是 $\ln r$[37-38]。

在计算时如果样本点选择不同，回归结果会有较大差异，且没有一个针对节点选取的标准。因此，目前工程实践中使用的分形维数计算结果都不能保证是真实值，或是和真实值相近的结果。例如，对于图 6-4 所示的岩石裂隙图形，选择的节点数不同，回归计算而得的分形维数也不同，且当节点数变化时，回归结果振荡，并未出现节点数越多，回归值越接近真实值的情况（表 6-1）。图 6-4 中两幅图片是土耳其西南部盖尔门哲克地区储层的大理石裂隙照片二值化后的结果，文中利用裂隙图形验证所提出的关联渗透率和岩石裂隙分形维数模型的正确性。

表 6-1 图 6-4 中计算分形维数的相关参数

节点数	图 6-4(a)		图 6-4(b)	
	edge	number	edge	number
1	222.00	1	331.00	1
2	111.00	4	165.50	4
3	55.50	16	82.75	16
4	27.75	48	41.38	51
5	13.88	91	20.69	114
6	6.94	126	10.34	176
7	3.47	187	5.17	262
8	1.73	284	2.59	398
9	0.87	572	1.29	729
10	0.43	1 387	0.65	1 626
11	0.22	4 050	0.32	4 305

对图 6-4 中两幅裂隙图,利用课题组自编程序识别了计算分形维数时需要的 11 组数值,数据如表 6-1 所示。对表中不同节点数的数据利用最小二乘法进行回归,得到两幅二维裂隙图的几组分形维数,如图 1-4 所示。从图 1-4(a)中可以看出,节点数 8、11 之间的分形维数差值要比节点数 10、11 之间的分形维数差值小,按照分形维数的极限定义,应该是点数越多,回归结果越精确,与图中反映现象相反,因此无法得知该选多少节点才能得到更为精确的分形维数。

6.2.3 "bwlabeln"函数的用法及作用

MATLAB 中函数"bwlabel"和函数"bwlabeln"都是处理形态学内容的函数,用于对连通区域进行标记操作[39]。两种函数都支持二值图像,当处理的图片不是二值图像时,可以用索引色图"label2rgb"函数显示图像的输出矩阵,当显示时,将各元素加 1,使各个像素值处于索引色图的有效范围内[40]。这样,根据每种对象显示的颜色不同,就很容易区分。同样地,在处理裂隙图片时,目的是区分裂隙和基质。函数"label2rgb"的调用方法如下:

RGB=label2rgb(L)

RGB=label2grb(L,MAP)

RGB=label2rgb(L,MAP,ZEROCOLOR)

其中,RGB 是由 L 转换的 RGB 彩色图像;L 是标识矩阵;MAP 是颜色矩阵;ZEROCOLOR 用于指定标识为 0 的对象颜色,默认为白色[41]。

函数"bwlabel"仅支持二维的二值图像,它在二值图像中目标区块垂直方向比较长的情形下运行较快,其他情况都是函数"bwlabeln"更快,更重要的是后者可以处理多维数组的二值图像。两者调用方式一致,仅以"bwlabel"函数为例说明调用方法。调用格式如下。

L=bwlabel(BW,n):该函数先对二值图像 BW 的连通区域进行标记,参数 n 为连通类型,可取值为 4 和 8,默认值为 8,即 8-连通。函数的返回值 L 为标记矩阵,和原来的二值图像大小相同。4-连通或 8-连通是图像处理中的基本概念:4-连通是指如果一个像素的位置在其他像素相邻的上、下、左、右方位之一,则认为它们是连通的,而左上、左下、右上或右下位置则不连通;8-连通是指一个像素和其他像素在上、下、左、右、左上、左下、右上、右下之中的一个方向连接着,则认为它们是连通的。

［L,num］＝bwlabel(BW,n):该函数对二值图像 BW 进行标记,返回值 num 为连通区域的数目。

例如,一幅图的二值化结果为:

$$BW = \begin{bmatrix} 1 & 1 & 1 & 0 & 0 & 0 & 0 & 0 & 0 & 0 \\ 1 & 1 & 1 & 0 & 1 & 1 & 0 & 0 & 0 & 0 \\ 1 & 1 & 1 & 0 & 1 & 1 & 0 & 0 & 0 & 0 \\ 1 & 1 & 1 & 0 & 0 & 0 & 1 & 1 & 0 \\ 0 & 0 & 0 & 0 & 0 & 0 & 0 & 1 & 1 \end{bmatrix}$$

按 4-连通计算,方形的区域和翻转的 L 形区域都属于连通区域,但对角连接的不算连通,分开标记后连通区域应该有 3 个,即 3 个不同的连通区域。

L＝bwlabel(BW,4)结果如下:

$$L = \begin{bmatrix} 1 & 1 & 1 & 0 & 0 & 0 & 0 & 0 & 0 & 0 \\ 1 & 1 & 1 & 0 & 2 & 2 & 0 & 0 & 0 & 0 \\ 1 & 1 & 1 & 0 & 2 & 2 & 0 & 0 & 0 & 0 \\ 1 & 1 & 1 & 0 & 0 & 0 & 3 & 3 & 0 \\ 0 & 0 & 0 & 0 & 0 & 0 & 0 & 3 & 3 \end{bmatrix}$$

num＝3。

而 8-连通标记时,对角方向仍算连通,因此识别出的是 2 个连通区域,结果如下:

$$L = \begin{bmatrix} 1 & 1 & 1 & 0 & 0 & 0 & 0 & 0 & 0 & 0 \\ 1 & 1 & 1 & 0 & 2 & 2 & 0 & 0 & 0 & 0 \\ 1 & 1 & 1 & 0 & 2 & 2 & 0 & 0 & 0 & 0 \\ 1 & 1 & 1 & 0 & 0 & 0 & 2 & 2 & 0 \\ 0 & 0 & 0 & 0 & 0 & 0 & 0 & 2 & 2 \end{bmatrix}$$

num＝2。

6.2.4　ArcGIS 软件简介

地理信息系统(geographic information system,GIS)是以对地理信息进行可视化和分析为目的,用于描述地球及其他地理现象的系统。地理信息系统有时又称为"地学信息系统"。它是一种特定的十分重要的空间信息系统。它是在计算机硬件、软件系统支持下,对整个或部分地球表层(包括大气层)空间中的有关地理分布数据进行采集、储存、管理、运算、分析、显示和描述的技术系统。

ArcGIS 是目前地理信息系统最为常用的一款软件,是美国环境系统研究所公司在积累了 40 多年的研发和地理信息系统咨询经验基础上,提供给用户的一套具有强大的空间数据管理、地图制作、空间分析、空间数据管理等能力的完整的 GIS 平台产品。1981 年,第一套商业 GIS 软件诞生,至今,40 多年的发展,使得 ArcGIS 不但支持桌面环境,还支持移动平台、企业级环境、Web 平台以及云计算环境[42]。ArcGIS 的主要功能如下。

① 空间数据的编辑与管理:空间数据库是存放在同一位置的各类型地理数据集的集

合,其存放位置可以是本地文件夹、Access 数据库,支持 Oracle、Microsoft SQL Sever、PostgreSQL、IBM DB2 以及 Informix,具有强大的基本数据编辑和管理功能。

② 地图制作:具有完整的地图生产功能,包括制图符号化、地图标注、地图编辑、地图输出和打印,用户可以轻松完成矢量图、遥感影像图的制作;还包含上百个空间处理工具,用于对数据集执行各种操作,从而生成新的数据集。

③ 结果展示:可以以图表、图片、文档等多种形式轻松展现工作结果,创建交互的显示界面,为用户提供一种非常有效的信息交流方式。

④ 辅助决策:具有强大的空间分析功能,可以解决"怎么变化""哪里最近"以及"哪里有问题"等问题,通过获得这些信息可以辅助用户决策。

⑤ 定制开发:ArcGIS 提供灵活方便的应用程序接口,方便用户定制满意的用户界面,编制各种方便的数据处理工具,从而提高作业效率。

通常 ArcGIS 包含一系列的 GIS 框架[43]:

① ArcGIS Desktop。ArcGIS Desktop 包含众多高级 GIS 应用的软件套件,包含一套带有用户界面组件的 Windows 桌面应用;具有三种功能级别——ArcReader,ArcView,ArcEditorTM 和 ArcInfoTM,它们都可以使用各自软件包中包含的 ArcGIS Desktop 开发包进行客户化和扩展。

② ArcGIS Engine。ArcGIS Engine 提供一套应用于 ArcGIS Desktop 框架之外的嵌入式组件。开发者在 C++、COM、Java 环境中可以使用简单的接口获取任意 GIS 功能的组合来构建专门的 GIS 应用解决方案,开发者通过 ArcGIS Engine 构建完整的客户化应用或者在现存的应用中(如微软的 Word 或者 Excel)嵌入 GIS 逻辑来部署定制的 GIS 应用,为多个用户分发面向 GIS 的解决方案。使用 ArcGIS Engine,可将 GIS 嵌入你的应用中。

③ 服务端 GIS。服务端 GIS 适用于在任何集中执行 GIS 计算,并计划扩展支持 GIS 数据管理和空间处理的场合。服务器除了可以为客户提供地图和数据服务外,还支持 GIS 工作站的包括制图、空间分析、复杂空间查询等的所有功能。ArcGIS 服务器产品符合信息技术的标准规范,可以和其他企业级的软件完美合作,如 Web 服务器、数据库管理系统以及企业级的应用开发框架。这促进了 GIS 和其他大量的信息系统技术的整合。

④ 移动 GIS。针对野外工作的需要,移动 GIS 提供满足简单需求的 ArcPad,可以在笔记本或平板电脑上使用。

ArcGIS 的模型结构分为以下几种。

① 对象类:在 Geodatabase 中对象类是一种特殊的类,它没有空间特征,是指存储非空间数据的表格。

② 要素类:同类空间要素的集合即要素类。如河流、道路、植被、用地、电缆等。要素类之间可以独立存在,也可具有某种关系。当不同的要素类之间存在关系时,我们将其组织到一个要素数据集中。

③ 关系类:关系类用于定义两个不同的要素类或对象类之间的关联关系。

④ 几何网络:几何网络是在若干要素类的基础上建立的一种新的类。

⑤ 域:域用于定义属性的有效取值范围。它可以是连续的变化区间,也可以是离散的取值集合。

⑥ 验证规则:验证规则指对要素类的行为和取值加以约束的规则。

⑦ 栅格数据集：栅格数据集用于存放栅格数据。它可以支持海量栅格数据，以及影像镶嵌。

⑧ TIN 数据集：TIN 是 ARC/INFO 非常经典的数据模型。TIN 数据集指用不规则分布的采样点的采样值（通常是高程值，也可以是任意其他类型的值）构成的不规则三角集合。它用于表达地表形状或其他类型的空间连续分布特征。

⑨ 定位器：定位器是定位参考和定位方法的组合。对不同的定位参考，用不同的定位方法进行定位操作。所谓定位参考，不同的定位信息有不同的表达方法，在 Geodatabase 中，有四种定位信息：地址编码、〈X, Y〉、地名及邮编、路径定位。定位参考数据放在数据库表中，定位器根据该定位参考数据在地图上生成空间定位点。

本书仅利用 ArcGIS 软件导入二维岩石裂隙图片，进而使用 B. Jiang 开发的 ArcGIS 内嵌软件 Axwoman 追踪二维裂隙的连通状况。

6.3　简化分形指数

事实上，自然界的物体并不存在严格的自相似性，严格的自相似性是一种理想状态，是人为构造出来的，像科赫曲线、谢尔平斯基镂垫是根据人们的想象理论创造的。所以用计盒维数和重复相同迭代思想去描述自然界的分形是无意义的。不幸的是，在工程领域，分形维数就是这样使用的。那么自然界的物体是完全随机，且毫无自相似性的吗？如果这样，就很难研究规律了。幸运的是，自然界的物体并不像布朗运动那么随机[44]，一般来讲，自然裂隙网络都是多重分形的[45]。而在研究多重分形时，需要用到多重函数谱构造的复杂函数来形成量化结果，而这个函数谱通常是很难获取的，因此只在理论上有价值，却很难用于多重分形的量化。由于岩石裂隙是一种自然现象，并不那么随机，且分形维数是描述图形整体特征的，因而没必要把一个分形图形分割得如此细，以获取每一点的分形量化结果。自然裂隙虽然不像自相似集那样简单，但也不像随机集那么复杂。岩石裂隙的生长规则和树木的生长是相似的，首先生成主裂隙（树木的主干），然后随着压裂的继续，在主裂隙保留的基础上，产生新一级别的裂隙（树木长出枝丫），裂隙网络（一棵树）是在重复这个生长过程中形成的，而每一步产生的裂隙（枝丫）都会保留。

为使 head-tail 分割法便于计算，能很好地与分形维数衔接，笔者对其进行拓展。头尾分割的依据是分形的自相似性，理论正确且有化繁为简的效果，笔者基于 head-tail 算法遵守分形图形自相似规则，把图形或研究对象用 head-tail 分割法分割，保留根据自相似性可代表整体特征的"头"，这样处理使研究对象元素个数大大减少，在减少计算量的同时，由于避免了小元素的计算，计算精度提高，且根据自相似性原理能代表全体。笔者根据分割步骤最后一步的"头"和剩下的"尾"利用码尺思路进行计算，可得整个研究对象的分形维数，既能很好地和分形维数衔接，又能避免原有分形维数计算难度大、计算结果偏差大的弊端。

若图形由有限个或少数部分（如有限条线段，有限个区域）组成，或为无穷多次迭代产生的严格自相似图形，则意味着当部分（边长、区域）扩大 r 倍时，图形变为 N 个原来的图形，如长方形区域，当各边长变为原来的 2 倍时，图形变为 4 个原来的图形，则维数

$D = \dfrac{\ln N}{\ln r} = \dfrac{\ln 4}{\ln 2} = 2$。推广整数维思想则得到分形维数计算的根本思想，分形维数计算基本公式[34]：

$$D_f = \frac{\ln N}{\ln r} \qquad (6\text{-}18)$$

该方法对于严格的自相似分形维数计算相当容易，但现实中几乎找不到如此规律的几何形状，现将该方法进行拓展，使其能够简捷并有效地应用于工程实践。当图形由无穷多个（或大量的）不同长度的部分组成（这更符合真实裂隙的特征）时，计算步骤为：① 按 head-tail 分割法分割步骤，当数据集或图形符合长尾分布时，以考察对象度量的均值进行分割，根据分形图形的自相似特征，去掉长长的"尾巴"，保留可以代表整个考察对象特征的"头"，分割直到不符合"小的多大的少"的长尾分布原则为止；② 计算出最后一步数据集"头"部的均值 mean1 及测度和 sum1，以及相应"尾"部的均值 mean2 及测度和 sum2，令 $r = \dfrac{\text{mean1}}{\text{mean2}}$，并分别数出"头""尾"所含长度总数 N_1、N_2，算出倒数第二步"头"中的小形状个数与最后一步分割"头"中的大形状个数的本质比 $N = \dfrac{N_2 + \text{sum1/mean2}}{N_1}$；③ 计算得到修正的 ht 指数 $R_{ht} = \dfrac{\ln N}{\ln r}$。

修正后的计算方法，不但对传统的整数维对象保持原有的合理维数量化效果，而且应用了 B. Jiang 在计算维数时所使用的巧妙转变，能够很好地量化整数集合和分形集合特征的同时，简便易懂，且对图形复杂度刻画更为细化。

国内最早由谢和平[45]利用分形研究岩石裂隙，此后很多学者验证了岩石中裂隙结构的分形特征，认为裂隙网络具有统计意义上的自相似性[46-50]。本书利用 R_{ht} 指数量化图 6-4 中发育程度不同的裂隙，说明 R_{ht} 指数量化分形图形的便利性，并验证其有效性。

对裂隙网络图形调节曝光度、对比度，并进行二值化变换，转成矢量图，实现按一定规则对裂隙网络中自然裂隙的识别。本书自然裂隙识别方案为：当图形的裂隙走向超过 45° 时，即认为一条裂隙结束，识别图 6-4 中两幅裂隙网络图中裂隙，并进行长度分级，如图 6-5 所示（扫描图右侧二维码，获取彩图，下同），得到两组裂隙长度分布数据，如表 6-2 所示。

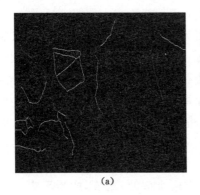 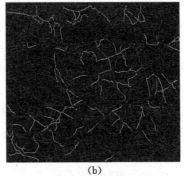

(a)   (b)

图 6-5　两幅裂隙网络的长度层次图

表 6-2　两组裂隙长度分布数据

	裂隙长度区间/像素	裂隙条数/条	均值/像素	尾部均值/像素	测度和/像素
图 6-4(a)	0～169.78	67	45.08		3 020.36
	45.08～169.78	23	89.25	21.99	2 052.81
	89.25～169.78	8	134.64	65.04	1 077.14
图 6-4(b)	0～180.04	376	24.46		9 196.24
	24.26～180.04	141	52.01	7.93	7 332.79
	52.01～180.04	49	83.48	35.24	4 090.47

图 6-4(a)中 $N_1 = \dfrac{15 + \dfrac{1077.14}{65.04}}{8} = 3.95$，$r_1 = \dfrac{134.64}{65.04} = 2.07$，可得 R_{ht} 指数 $R_{ht1} =$

$\dfrac{\ln 3.95}{\ln 2.07} = 1.89$，图 6-4(b)中 $N_2 = \dfrac{92 + \dfrac{7\,332.79}{35.24}}{141} = 2.13$，$r_2 = \dfrac{52.01}{35.24} = 1.48$，可得 R_{ht}

指数 $R_{ht2} = \dfrac{\ln 2.13}{\ln 1.48} = 1.94$。$R_{ht2} > R_{ht1}$，刻画了两幅图复杂程度的差异。但数值大小相差 0.05，区分度不大。

分析其计算思路，在原有分割中，去掉尾部，再对头部进行研究，而事实上，正是分形集合中的尾部对维数有贡献，而头部的"大块头"就是规则的整数维部分，不需要额外花力气研究。如果在分割过程中删掉小部分，剩下的就是欧几里得几何中的对象。自然界的岩石裂隙中对压裂效果及压裂潜力有重大影响的是小裂隙，以及其分形特点，本书对分割法进行更新，去头留尾。

在使用头尾分割法研究裂隙网络时，如果头尾分割数小于或等于 2，则意味着岩石裂隙网络结构简单，这时可以把分形集看作有多于一个自相似比的多重分形集。如果分割次数 t 大于 2，分形集的结构要更加复杂，这时本书把集合看作由 t 个不同比例的层级构成。根据此分法，本书提出了一种针对分形集的新的量化方法，简化分形指数（simplified fractal index，SFI）。分割是在头尾比例不满足"小的多大的少"这个原则时停止的，本书设定阈值为 40%，即当分割的头部对象数目占总体数目比例超过 40% 时，分割停止。该方法是综合考虑头尾分割与分形的计盒维数而提出的，目的是找到一个简化、稳定、精确的能够刻画分形对象不规则性的指数。该方法更适用于描述像岩石裂隙、树木生长这样的自然现象。

在分形中，自相似多重分形被看作由几个自相似集组成，可以通过式(6-19)计算分形维数[51]：

$$\sum_{i=1}^{m} (r_i^{D}) = 1 \tag{6-19}$$

式中，D 为整个集合的分形维数；r_i 为每个自相似部分的尺度比；m 为自相似部分的个数。

基于式(6-19)，当头尾分割数不超过 3 时，即认为所考虑模型为多重自相似分形，利用头尾分割法确定裂隙网络的层级结构，然后获取迭代数，并记录每步头尾分割时的尾部均值相对总体的比例。每个部分的自相似比都是利用尾部对象数目除以集合整体数值均值再加 1 得到的。SFI 的计算公式为：

$$\sum_{i=1}^{t}(N_i \times r_i^{\mathrm{SFI}}) = 1 \tag{6-20}$$

式中，t 代表在计算 ht 指数时实施的头尾分割次数；r_i 为第 i 步头尾分割中的尾部均值和头部均值之比；N_i 为比例为 r_i 的部分个数，N_i 的数值由分割第 i 步的尾部数目除以头部数目得到。这是因为在分割次数 t 小于 3 时，把其看作由 t 个不同比例的自相似部分构成，每一次分割出来的头尾均值比例都是一个自相似比。

当分割次数大于 2 时，需要考虑层级效果，这时的集合需要被看作每步有不同比例的分形集合。这时的计算公式为：

$$\mathrm{SFI} = -\frac{1}{t-1}\sum_{i=1}^{t-1}\frac{\ln N_i}{\ln r_i} \tag{6-21}$$

式中，t 的含义与式(6-20)中的相同；r_i 为第 i 步分割中头部均值除以第 $i+1$ 步的头部均值；N_i 代表比例为 r_i 的部分个数，计算结果由第 i 步分割的头部中所含对象个数除以第 $i+1$ 步分割的头部中所含对象个数得到。这是因为分割次数多，层级结构复杂，此时的分形图像为每步由不同自相似比所构成的分形集合，一步步分割出来的头部恰是从分形集中分离出来的单元代表。

6.4　不同背景下的岩石裂隙网络的简化分形指数

本部分利用经典分形、二维裂隙网络以及三维裂隙网络三个案例来进一步说明简化分形指数在捕捉岩石裂隙网络的复杂性和不规则性时的计算过程，并且相对其他定义分形维数的方法具有便利性、稳定性等优点，并验证了简化分形指数是分形维数的延续，是保持了图形的分形特征基础上的延伸。

6.4.1　案例 1：经典分形

第一个案例是经典自相似分形集——谢尔平斯基镂垫和科赫曲线。计算两种经典分形图形的简化分形指数，与其分形维数作对比，检验简化分形指数在量化分形图形时的补充特征。

当谢尔平斯基镂垫迭代到第三步时[图 6-2(a)]，共有 3 个边长为 1/2 的三角形，9 个边长为 1/4 的三角形以及 27 个边长为 1/8 的三角形[52]。而完整的谢尔平斯基镂垫是极限图形，按照这样的规律，无限次迭代出来的结果，按 SFI 计算方法，可分割无数次，因此适用式(6-18)。谢尔平斯基镂垫中上一级的头部数据集的边长是下一级头部数据集的边长的 2 倍，下一级的头部数目和上一级头部数目之比一直是 3，可算出各步的个数边长对数比 $-\dfrac{\ln N_i}{\ln r_i}$ 都是 $\dfrac{\ln 3}{\ln 2}$，因此可算出谢尔平斯基镂垫的简化分形指数是 $\dfrac{\ln 3}{\ln 2}$。迭代到第三步的科赫曲线[图 6-2(b)]，一共有 4 个长度为 1/3 的线段，16 个长度为 1/9 的线段以及 64 个长度为 1/27 的线段。科赫曲线是一种迭代的极限形式。利用头尾分割法，可以分割无数次，适用式(6-18)，上一级的头部长度和下一级头部长度之比一直是 3，并且下一级的头部数目和上一级头部数目之比一直是 4。因此，根据式(6-18)可算出各步的个数

边长对数比 $-\dfrac{\ln N_i}{\ln r_i}$，平均值即 $\dfrac{\ln 4}{\ln 3}$。上面两个经典分形图形谢尔平斯基镂垫和科赫曲线的各种传统分形维数与简化分形指数一致，说明本书定义的简化分形指数是分形维数的延续，是保持了图形的分形特征基础上的延伸。

6.4.2　案例 2：二维裂隙网络

第二个案例是图 6-4 中的两张二维岩石裂隙图像。直观肉眼观察可知，图 6-4(b)的裂隙网络比图 6-4(a)的更复杂。如果简化分形指数可以描述分形特征，即图像的复杂程度，那么图 6-4(b)的简化分形指数应该比图 6-4(a)的数值大。本节用这两个裂隙网络图形来检验 SFI 是否捕捉到了这个特征。此处仅考虑两幅图像的结构及像素大小，忽略初始单位。首先把两幅图数值化变换成矢量图，然后把图片导入 ArcGIS 10.0 软件，利用内嵌程序 Axwoman 进行计算。利用程序按既定规则识别确定图片中的每条裂隙，记录裂隙长度。识别裂隙的规则是从有裂隙的任一点开始，如果两条有交点的裂隙的夹角没超过 45°，则优先识别较长的裂隙；如果夹角超过 45°，则优先识别较长且直的裂隙，拐角不超过 45°的裂隙被认为是直的[53]。例如，图 6-6(a)中，裂隙 BD 和 BC 的夹角超过 45°，这时认为 ABD 为一条裂隙，BC 为第二条裂隙。这是因为尽管 ABC 在这里面是最长的，但是不是直的。在图 6-6(b)中，裂隙 AB 和 BC 的夹角小于 45°，这时从所有途径中选择长度最长的裂隙作为第一条裂隙，即 ABC，然后按此规则识别第二条裂隙，即 BD。

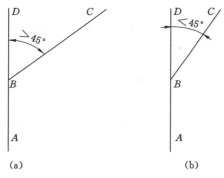

(a)　　　　　　　　　(b)

图 6-6　裂隙识别的角度规则

图 6-7(a)中，裂隙的长度取值范围为 0～169.78 像素。第一个长度均值，即整体数

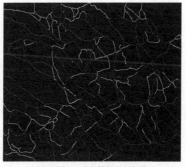

(a) 图6-4(a)的识别结果　　　　(b) 图6-4(b)的识别结果

图 6-7　利用 ArcGIS 10.0 识别的图 6-4(a)及图 6-4(b)中的裂隙

据均值为 45.08 像素,蓝色裂隙即代表长度为 0~45.08 像素的裂隙。第一次头尾分割后,得到一个头部和一个尾部,其中头部长度均值为 89.25 像素,尾部长度均值为 24.46 像素。像素图中,绿色裂隙代表长度为 45.08~89.25 像素的裂隙,红色裂隙代表长度为 89.25~169.78 像素的裂隙。此时第一次分割后头部裂隙数目为 24,超过该步中整体数据数目 44 的 40%,分割停止。

图 6-7(b)中,第一个长度均值为 24.46 像素,利用该值对整个图形中裂隙进行分割,得到包含 141 条裂隙的头部和 235 条裂隙的尾部,然后去掉头部,计算尾部长度均值(52.01 像素),作为第二个均值;利用第二个均值再对尾部继续进行分割,分割出第二个头和尾,第二个头部包含裂隙数目为 99,均值为 14.44,第二个尾部包含裂隙数目为 136,均值为 3.19。再利用该均值 3.19 对第二个尾部进行分割,尾部所含裂隙数目是 80,头部所含裂隙数目是 56,头部含量超过 40%,分割停止。图 6-7(b)中,蓝色裂隙代表长度为 0~24.46 像素的裂隙,绿色裂隙代表长度为 24.46~52.01 像素的裂隙,红色裂隙代表长度为 52.01~180.04 像素的裂隙。两幅图中的数值可以用来确定层级,以及计算 SPI 时需要的分割次数和头尾分割信息。具体长度分布如表 6-3 所示。

表 6-3　两幅二维裂隙网络图中的长度分布

		total	head 1	tail 1	head 2	tail 2
图 6-7(a)	number	67	23	44		
	mean	45.08	89.25	21.99		
	length	3 020.36	2 052.75	967.55		
图 6-7(b)	number	376	141	235	99	136
	mean	24.46	52.01	7.93	14.44	3.19
	length	9 196.96	7 333.41	1 863.45	1 429.12	434.33

两幅图中的头尾分割次数都小于 3,适用式(6-17)。图 6-7(a)中,头尾分割次数是 1。尾部均值和整体均值之比 $r = \dfrac{21.99}{45.08} = 0.49$,尾部数目与头部数目之比加 1 为 $N = \dfrac{44}{23} + 1 = 2.91$。则图 6-7(a)的简化分形指数为方程 $2.91 \times 0.487\,8^D = 1$ 的解,即图 6-7(a)的简化分形指数是 1.49。图 6-7(b)中,头尾分割数目是 2,且分割两次的自相似比例分别为 $r_1 = \dfrac{7.93}{24.46} = 0.32, r_2 = \dfrac{3.19}{7.93} = 0.40$。图中的两次迭代部分的数目分别是 $N_1 = \dfrac{235}{141} + 1 = 2.67$ 和 $N_2 = \dfrac{136}{99} + 1 = 2.37$。图 6-7(b)的简化分形指数可由方程 $2.67 \times 0.32^{SFI} + 2.37 \times 0.4^{SFI} = 1$ 求出,此时简化分形指数是 1.61。从数值上可看出,图 6-7(b)的 SFI 值大于图 6-7(a)的 SFI 值,符合之前看到的直观分形特征。

6.4.3　案例 3:三维裂隙网络

第三个案例研究的是 3 块煤样的三维裂隙网络。不同应力状态会改变岩石裂隙几何结构,且内部裂隙结构的变化会影响岩石的渗透率[54]。人们把分形维数作为描述裂隙结构的参数,并利用这个参数评价了像渗透率这样的与裂隙有关的参数[55-57]。本书选取煤体计算内部裂隙的简化分形指数,煤体采自山东兖州,做成尺寸为 100 mm×50 mm 的煤样。每个煤样以 0.1 mm 为间隔用精度达到 4 μm 的 X 光线 CT 连续扫描 1 000 层,把扫描得到的二维图像一层层从底到顶导入 Mimics,生成三维煤样裂隙重构图像,如图 6-8 所示。

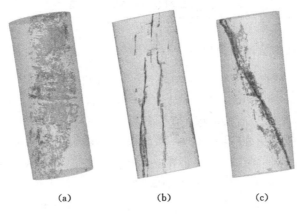

(a)　　　　　　(b)　　　　　　(c)

图 6-8　重构的煤样三维裂隙图

利用 MATLAB 2010 中"bwlabeln"函数对扫描得到的裂隙图像进行统计,整理记录裂隙数目和每条裂隙的体积。处理数据时将识别出的极大裂隙删掉,因为大裂隙的影响效果很清晰且显著,不需要把大裂隙放在处理数据中,尤其如果连续两步中头部裂隙数目之比大于 10,则认为上一级裂隙是大裂隙且是规则的。对 3 块煤样进行头尾分割,对提取出的数据去掉大裂隙后进行处理,确定 3 块煤样的层级,3 块煤样的头尾分割数据如表 6-4 所示。

表 6-4　3 个三维裂隙的密度分布

		total	head 1	tail 1	head 2	tail 2	head 3	tail 3
	number	257	79	178	52	126	50	76
图 6-8(a)	mean	6.23	11.22	4.01	5.50	3.40	4.00	3.00
	density	1 600	886	714	286	428	200	228
	number	11 391	3 411	7 980	2 585	5 395	1 926	3 469
图 6-8(b)	mean	7.49	15.34	4.14	5.77	3.36	4.00	3.00
	density	88 347	52 310	33 037	14 926	18 111	7 704	10 407
	number	5 118	1 880	3 228				
图 6-8(c)	mean	5.86	9.62	3.68				
	density	30 014	18 084	11 930				

图 6-8(c)中头尾分割数目小于 3,适用式(6-17)。尾部均值除以全体裂隙体积均值得自相似比 $r = \dfrac{3.68}{5.86} = 0.63$,对象个数由尾部裂隙数目除以头部裂隙数目加 1 可得 $N = \dfrac{3\ 238}{1\ 880} + 1 = 2.72$,因此图 6-8(c)的简化分形指数是方程 $2.72 \times 0.63^D = 1$ 的解,即 SFI= 2.153。图 6-8(a)和图 6-8(b)中头尾分割数目等于 3,适用式(6-18)。图形被看作每次迭代是由不同相似比所构成的分形。类似于案例 1 中的科赫曲线,自相似比可根据每步迭代的

头部量度计算而得。图 6-8(a)和图 6-8(b)都有 3 个头部，则图 6-8(a)和图 6-8(b)的分割后的两步自相似比分别为 $r_{1a} = \dfrac{5.5}{11.22} = 0.49, r_{1b} = \dfrac{5.77}{15.34} = 0.38$，以及 $r_{2a} = \dfrac{4}{5.5} = 0.73$，$r_{2b} = \dfrac{4}{5.77} = 0.69$。所含部分数目分别是 $N_{1a} = \dfrac{178}{79} + 1 = 3.25, N_{1b} = \dfrac{7\ 980}{3\ 411} + 1 = 3.34$，以及第二个自相似比所对应的对象数目分别为 $N_{2a} = \dfrac{126}{52} + 1 = 3.42, N_{2b} = \dfrac{5\ 395}{2\ 585} + 1 = 3.09$。图 6-8(a)和图 6-8(b)的简化分形指数分别为 2.760 和 2.155。本书的大部分数据都保留 2 位小数，图 6-8(a)至图 6-8(c)的 SFI 数值保留 3 位小数是为了对两幅图的简化分形指数作出更为精确的对比，从而确定哪个图形的复杂度更高。

在计算裂隙网络的简化分形指数时，不需要像对科赫曲线那样，去考虑上一级的生成裂隙是什么样的。这是因为裂隙演化时，上一级裂隙会被保留，无论裂隙演化到第几步，初始裂隙还会存在。因此，不需要计算前一次迭代时裂隙的长度或大小。

可以直接从测量的数据集中读出各层级的数据。这就可以解释为什么 SFI 除了可提供分形信息外，还可以刻画图形的动态变化状况。

在扫描裂隙结构后，本书利用重庆大学煤矿灾害动力学与控制国家重点实验室的含瓦斯煤热流固耦合三轴伺服渗流试验装置(图 6-9)测量并计算了 3 块煤样的渗透率[58]。测试渗透率时，内层气体压强为 3 MPa，外层的标准大气压为 0.1 MPa。把这些值代入气体达西定律[54]：

图 6-9 含瓦斯煤热流固耦合三轴伺服渗流试验装置

$$k = \frac{\mu L}{A} \frac{2 p_1 Q}{(p_2^2 - p_1^2)} \tag{6-22}$$

式中，k 为渗透率；μ 为气体的运动黏滞系数；Q 为单位时间内的气体流量；L 为样品长度；A 为气体流过的横截面积；p_1 为内部压强；p_2 为外部压强。

3 块煤样的简化分形指数和渗透率的对比结果如表 6-5 所示。从表 6-5 中可看出，简化分形指数有着随渗透率增大而增大的变化规律；图 6-8(b)与图 6-8(c)的简化分形指数差别很小，但引起渗透率很大的变化，这是由于渗透率对裂隙的开度极其敏感，分形维数的小差别会引起渗透率大变化，变化关系也不是线性的，这和渗透率与计盒维数之间的关系吻合[55-59]。

表 6-5　图 6-8 中三维裂隙的渗透率和简化分形指数

	渗透率/mD	简化分形指数
图 6-8(a)	7.16	2.76
图 6-8(b)	2.47	2.155
图 6-8(c)	0.31	2.153

6.4.4　分形维数与简化分形指数的对比

本小节计算了案例 2 和案例 3 的真实岩石裂隙网络的计盒维数,并与简化分形指数进行对比。对比结果如表 6-6 和表 6-7 所示。

表 6-6　图 6-4 中裂隙的计盒维数与简化分形指数

	计盒维数	简化分形指数
图 6-4(a)	1.04	1.49
图 6-4(b)	1.10	1.61

表 6-7　图 6-8 中裂隙的计盒维数和简化分形指数

	计盒维数	简化分形指数
图 6-8(a)	2.43	2.760
图 6-8(b)	2.09	2.155
图 6-8(c)	2.02	2.153

从表 6-6 和表 6-7 中二维和三维裂隙网络的计盒维数与简化分形指数对比结果可看出,简化分形指数捕捉到了裂隙网络的复杂程度。这些裂隙网络的简化分形指数与分形维数有同样的变化趋势,并且图 6-8(b)和图 6-8(c)的分形维数比较接近,计算得出的简化分形指数分别为 2.155 和 2.153,也是相近的结果。这些情况都进一步说明了简化分形指数在替代分形维数描述图形复杂程度以及不规则性方面的有效性及合理性,且较分形维数计算简便。

6.5　简化分形指数的另一种计算形式

6.5.1　计算模型建立

上述分形维数计算是利用头尾分割,根据分形图形的不同复杂程度进行的,计算公式的不统一会造成工程应用中的选择问题。为找到统一的简单量化分形维数的计算方法,笔者[60]曾将 ht 指数与分形维数传统定义结合,通过分割最后两步数据定义新分形指数。在使用 ht 指数分割分形集时,每一次分割所得头部都为原分形集的相似分形集。取每次分割的头尾部数量之比作为分形集的个数,取头尾部平均值之比作为分形集的尺度比。但是对于普通分形集特别是大自然中的分形集来说,每次分割所得头部仅为原分形集的相似分形集,只采用分割中某次所得数据集来计算分形维数不足以刻画整体特征。因此,本书对当前分形维数计算方法进行拓展,对每次 ht 分割分形维数算法结果取平均值来刻画整体的分形特征,方法见式(6-23)、式(6-24)。

$$D_i = \frac{\ln(N_{ti}/N_{hi})}{\ln(M_{ti}/M_{hi})} \tag{6-23}$$

$$D = -\frac{1}{n-1}\sum_{i=1}^{n} D_i \tag{6-24}$$

式中,n 为分割次数;N_{hi} 为第 i 次分割头部数量;N_{ti} 为第 i 次分割尾部数量;M_{hi} 为第 i 次分割头部平均值;M_{ti} 为第 i 次分割尾部平均值。另外,ht 分割时所使用的阈值 40% 在现实的数据处理中也会受到一定的限制,可以根据不同的分形集来进行相应的调整[61]。例如,生活中两个常用的定律尺度定律与托布勒定律,就分别采用 20% 与 50% 作为阈值来对事物进行分割[62]。

6.5.2 模型检验

在这一部分,我们选择使用新的分形维数计算方法来对如图 6-10 所示的 10 个岩石裂隙网络图进行分形维数计算,以证明分形维数计算方法的实用性和有效性。对于岩石裂隙网络数据,我们使用 ArcGIS 中的 Axwoman 插件进行提取。首先使用轴线绘制功能,以任意一点为起点,裂隙与另外裂隙连通点为终点,沿裂隙方向绘制岩石裂隙,直到整个岩石裂隙网络图绘制完毕。然后使用追踪自然街道功能以拓扑几何信息对岩石裂隙网络图进行整合,若岩石裂隙与两条及两条以上岩石裂隙连通,则将与岩石裂隙延长线夹角小于 45°的岩石裂隙视为同一条岩石裂隙;若与岩石裂隙延长线夹角小于 45°的岩石裂隙不止一条,则选择较长的一条为同一条岩石裂隙。最后使用计算几何功能对所有裂隙长度属性进行计算,并导出计算数据。

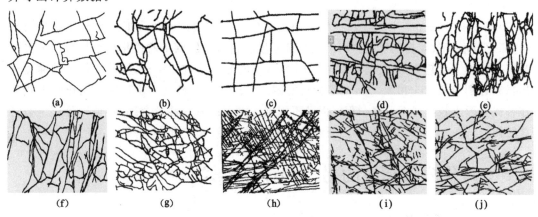

图 6-10　岩石裂隙网络图[63]

我们从岩石裂隙提取数据中得到,图 6-10(a)至图 6-10(j)的岩石裂隙网络图裂隙数目分别为 24,43,16,106,155,66,210,414,261,139。接下来使用阈值 50% 进行头尾分割,获得 ht 指数分别为 1,2,2,5,5,2,6,6,6,6。依据分形维数第三定义,ht 指数不小于 3 即可被认为是分形。所以对以上 10 个岩石裂隙网络识别案例分析可以得到,裂隙数目小于 100 的岩石裂隙网络图 ht 指数普遍小于 3,在分形维数第三定义下不能被认为是分形,故岩石裂隙图(a)、(b)、(c)、(d)、(f)不适合此方法,下面对裂隙图(e)、(g)、(h)、(i)、(j)进行分形维数计算。

根据表 6-8 中裂隙网络头尾分割数据,使用公式计算分形维数,可得:

表 6-8　图 6-10 头尾分割数据(其中 N 为数量,M 为平均值,h 为头,t 为尾)

	图(e)		图(g)		图(h)		图(i)		图(j)	
	N	M	N	M	N	M	N	M	N	M
total	155.00	26.53	210.00	24.38	414.00	22.64	261.00	19.49	139.00	28.09
h1	53.00	54.53	68.00	52.56	138.00	47.25	94.00	38.15	47.00	57.19
t1	102.00	11.98	142.00	10.88	276.00	10.34	167.00	8.98	92.00	13.23
h1/%	34		32		33		36		34	
t1/%	66		68		67		64		66	
h2	18.00	83.89	25.00	79.40	40.00	80.00	28.00	65.21	17.00	88.18
t2	35.00	39.43	43.00	36.95	98.00	33.88	66.00	26.67	30.00	39.63
h2/%	34		37		29		30		36	
t2/%	66		63		71		70		64	
h3	8.00	109.88	12.00	97.75	13.00	117.15	9.00	97.22	7.00	120.29
t3	10.00	63.10	13.00	62.46	27.00	62.11	19.00	50.05	10.00	65.70
h3/%	44		48		32.5		32		41	
t3/%	56		52		67.5		68		59	
h4	3.00	120.67	5.00	114.00	5.00	148.60	3.00	137.00	3.00	147.00
t4	5.00	103.40	7.00	86.14	8.00	97.50	6.00	77.33	4.00	100.25
h4/%	37.5		42		38		33		43	
t4/%	62.5		58		62		67		57	
h5			2.00	130.00	1.00	199.00	1.00	159.00	1.00	183.00
t5			3.00	103.33	4.00	136.00	2.00	126.00	2.00	129.00
h5/%			40		20		33		33	
t5/%			60		80		67		67	

$$D_e = -\frac{1}{3}\left\{ \frac{\ln\frac{102}{53}}{\ln\frac{11.98}{54.53}} + \frac{\ln\frac{35}{18}}{\ln\frac{39.43}{83.89}} + \frac{\ln\frac{10}{8}}{\ln\frac{63.10}{109.88}} + \frac{\ln\frac{5}{3}}{\ln\frac{103.40}{120.67}} \right\} = 1.674$$

$$D_g = -\frac{1}{4}\left\{ \frac{\ln\frac{142}{68}}{\ln\frac{10.88}{52.56}} + \frac{\ln\frac{43}{25}}{\ln\frac{36.95}{79.4}} + \frac{\ln\frac{13}{12}}{\ln\frac{62.46}{97.75}} + \frac{\ln\frac{7}{5}}{\ln\frac{86.14}{114}} + \frac{\ln\frac{3}{2}}{\ln\frac{103.33}{130}} \right\} = 1.081$$

$$D_h = -\frac{1}{4}\left\{ \frac{\ln\frac{276}{138}}{\ln\frac{10.34}{47.25}} + \frac{\ln\frac{98}{40}}{\ln\frac{33.88}{80}} + \frac{\ln\frac{27}{13}}{\ln\frac{62.11}{117.15}} + \frac{\ln\frac{8}{5}}{\ln\frac{97.5}{148.6}} + \frac{\ln\frac{4}{1}}{\ln\frac{136}{199}} \right\} = 1.852$$

$$D_i = -\frac{1}{4}\left\{\frac{\ln\frac{167}{94}}{\ln\frac{8.98}{38.15}} + \frac{\ln\frac{66}{28}}{\ln\frac{26.67}{65.21}} + \frac{\ln\frac{19}{9}}{\ln\frac{50.05}{97.22}} + \frac{\ln\frac{6}{3}}{\ln\frac{77.33}{137}} + \frac{\ln\frac{2}{1}}{\ln\frac{126}{159}}\right\} = 1.668$$

$$D_j = -\frac{1}{4}\left\{\frac{\ln\frac{92}{47}}{\ln\frac{13.23}{57.19}} + \frac{\ln\frac{30}{17}}{\ln\frac{39.63}{88.18}} + \frac{\ln\frac{10}{7}}{\ln\frac{65.7}{120.29}} + \frac{\ln\frac{4}{3}}{\ln\frac{100.25}{147}} + \frac{\ln\frac{2}{1}}{\ln\frac{129}{183}}\right\} = 1.498$$

分形维数大小顺序为 $D_h > D_e > D_i > D_j > D_g$，这与我们所观察到的岩石裂隙复杂程度顺序相同，因此证明了分形维数计算方法的有效性。

参 考 文 献

[1] DOUGLAS A, HUDSON J A, MARSHALL P D. Earthquake seismograms that show Doppler effects due to crack propagation[J]. Geophysical journal international, 1981, 64(1):163-185.

[2] MISHRA O P, ZHAO D P. Crack density, saturation rate and porosity at the 2001 Bhuj, India, earthquake hypocenter: a fluid-driven earthquake? [J]. Earth and planetary science letters, 2003, 212(3/4):393-405.

[3] KATZ O, MORGAN J K. The role of fractures in controlling the size of landslides: insights from discrete element method computer simulations[R]. [S. l.], 2010.

[4] SZALAI S, SZOKOLI K, NOVÁK A, et al. Fracture network characterisation of a landslide by electrical resistivity tomography[J]. Natural hazards and earth system sciences discussions, 2014, 2(6):3965-4010.

[5] JUNG H B, KABILAN S, CARSON J P, et al. Wellbore cement fracture evolution at the cement-basalt caprock interface during geologic carbon sequestration[J]. Applied geochemistry, 2014, 47:1-16.

[6] MCGRAIL B P, SCHAEF T, HO A M, et al. Potential for carbon dioxide sequestration in flood basalts[J]. Journal of geophysical research: solid earth, 2006, 111(B12): 107-108.

[7] JAHANDIDEH A, JAFARPOURB. Optimization of hydraulic fracturing design under spatially variable shale fracability[J]. Journal of petroleum science and engineering, 2016, 138:174-188.

[8] BURISCH M, WALTER B F, WÄLLE M, et al. Tracing fluid migration pathways in the root zone below unconformity-related hydrothermal veins: insights from trace element systematics of individual fluid inclusions[J]. Chemical geology, 2016, 429: 44-50.

[9] HE P F, KULATILAKE P H S W, LIU D Q, et al. A procedure to detect, construct, quantify, numerically simulate and validate fracture networks in coal blocks[J]. Geomechanics and geophysics for geo-energy and geo-resources, 2016, 2:257-274.

[10] 刘月田,丁祖鹏,屈亚光,等.油藏裂缝方向表征及渗透率各向异性参数计算[J].石油学报,2011,32(5):842-846.

[11] BLAKE O O,FAULKNER D R. The effect of fracture density and stress state on the static and dynamic bulk moduli of Westerly granite[J]. Journal of geophysical research:solid earth,2016,121(4):2382-2399.

[12] LI X J, ZUO Y L, ZHUANG X Y, et al. Estimation of fracture trace length distributions using probability weighted moments and L-moments[J]. Engineering geology,2014,168:69-85.

[13] ROY A,PERFECT E,DUNNE W M,et al. A technique for revealing scale-dependent patterns in fracture spacing data[J]. Journal of geophysical research: solid earth, 2014,119(7):5979-5986.

[14] ROY A. Scale-dependent heterogeneity in fracture data sets and grayscale images [D]. Knoxiville:University of Tennessee,2013.

[15] BOUR O, DAVY P, DARCEL C, et al. A statistical scaling model for fracture network geometry, with validation on a multiscale mapping of a joint network (Hornelen Basin, Norway)[J]. Journal of geophysical research: solid earth, 2002, 107(B6):2113.

[16] LIANG Y J. Rock fracture skeleton tracing by image processing and quantitative analysis by geometry features[J]. Journal of geophysics and engineering,2016,13(3): 273-284.

[17] HOSSAIN M S, KRUHL J H. Fractal geometry-based quantification of shock-induced rock fragmentation in and around an impact crater[J]. Pure and applied geophysics,2015,172:2009-2023.

[18] BONNET E,BOUR O,ODLING N E,et al. Scaling of fracture systems in geological media[J]. Reviews of geophysics,2001,39(3):347-383.

[19] DAVY P,LE GOC R,DARCEL C. A model of fracture nucleation,growth and arrest, and consequences for fracture density and scaling[J]. Journal of geophysical research: solid earth,2013,118(4):1393-1407.

[20] BONNEAU F,CAUMON G,RENARD P. Impact of a stochastic sequential initiation of fractures on the spatial correlations and connectivity of discrete fracture networks [J]. Journal of geophysical research:solid earth,2016,121(8):5641-5658.

[21] SEN Z, KAZI A. Discontinuity spacing and RQD estimates from finite length scanlines [J]. International journal of rock mechanics and mining sciences & geomechanics abstracts,1984,21(4):203-212.

[22] 赵海英,杨光俊,徐正光.图像分形维数计算方法的比较[J].计算机系统应用,2011, 20(3):238-241.

[23] QIAO B Q,LIU S M,ZENG H D,et al. Limitation of the least square method in the evaluation of dimension of fractal Brownian motions[EB/OL]. (2015-07-12)[2018-12-30]. https://arxiv. org/abs/1507. 03250.

[24] 李契,朱金兆,朱清科. 分形维数计算方法研究进展[J]. 北京林业大学学报,2002,24(2):73-80.

[25] FALCONER K. Fractal geometry[M]. [S. l. :s. n.],2003.

[26] 陈建安. 分形维数的定义及测定方法[J]. 电子科技,1999(4):44-46.

[27] 吕金,陆君安,陈世华. 混沌时间序列分析及其应用[M]. 武汉:武汉大学出版社,2002.

[28] 屈世显,张建华. 复杂系统的分形理论与应用[M]. 西安:陕西人民出版社,1996.

[29] JIANG B. Head/tail breaks:a new classification scheme for data with a heavy-tailed distribution[J]. The professional geographer,2013,65(3):482-494.

[30] KOCH R. The 80/20 principle[R]. [S. l.],1999.

[31] JIANG B,ZHAO S J,YIN J J. Self-organized natural roads for predicting traffic flow: a sensitivity study [J]. Journal of statistical mechanics: theory and experiment, 2008(7):1-23.

[32] JIANG B, YIN J J. Ht-index for quantifying the fractal or scaling structure of geographic features[J]. Annals of the association of American geographers, 2014, 104(3):530-540.

[33] MANDELBROT B B,WHEELER J A. The fractal geometry of nature[J]. American journal of physics,1983,51(3):286.

[34] BOUR O,DAVY P. Clustering and size distributions of fault patterns:theory and measurements[J]. Geophysical research letters,1999,26(13):2001-2004.

[35] KAGAN Y Y. Earthquake spatial distribution: the correlation dimension [J]. Geophysical journal international,2007,168(3):1175-1194.

[36] FARLIE D J. Prediction and regulation by linear least-square methods[J]. Journal of the operational research society,1964,15(4):410-411.

[37] JAFARI A,BABADAGLI T. Estimation of equivalent fracture network permeability using fractal and statistical network properties[J]. Journal of petroleum science and engineering,2012,92/93:110-123.

[38] 杨丹,赵海滨,龙哲. MATLAB 图像处理实例详解[M]. 北京:清华大学出版社,2013.

[39] 张强,王正林. 精通 MATLAB 图像处理[M]. 2 版. 北京:电子工业出版社,2012.

[40] 张德丰. MATLAB 数字图像处理[M]. 北京:机械工业出版社,2009.

[41] 田庆. ArcGIS 地理信息系统详解[M]. 北京:北京希望电子出版社,2014.

[42] 李旭祥,沈振兴,刘萍萍,等. 地理信息系统在环境科学中的应用[M]. 北京:清华大学出版社,2008.

[43] 曼德尔布洛特. 分形对象:形、机遇和维数[M]. 文志英,苏虹,译. 北京:世界图书出版公司北京公司,1999.

[44] XIE H P,WANG J A,KWAŚNIEWSKI M A. Multifractal characterization of rock fracture surfaces[J]. International journal of rock mechanics and mining sciences, 1999,36(1):19-27.

[45] 谢和平. 分形几何及其在岩土力学中的应用[J]. 岩土工程学报,1992,14(1):14-24.

［46］WATANABE K,TAKAHASHI H. Fractal characterization of subsurface fracture network for geothermal energy extraction system［C］//Proceedings，eighteen workshops on geothermal reservoir engineering,1993.

［47］LI SJ,LIU Y X. Permeability estimation of jointed rock mass using fractal network model［J］. Journal of physics：conference series,2008,96：012131.

［48］DEVELI K,BABADAGLI T. Quantification of natural fracture surfaces using fractal geometry［J］. Mathematical geology,1998,30(8)：971-998.

［49］冯增朝,赵阳升,文再明.岩体裂缝面数量三维分形分布规律研究［J］.岩石力学与工程学报,2005,24(4)：601-609.

［50］FALCONER K. Fractal geometry：mathematical foundations and applications［J］. Biometrics,1990,46(3)：886-887.

［51］GAO P C,LIU Z,XIE M H,et al. CRG index：a more sensitive ht-index for enabling dynamic views of geographic features［J］. The professional geographer,2016,68(4)：533-545.

［52］JIANG B. Axwoman 3.0：an arcview extension for urban morphological analysis ［C］//Proceedings of Geoinformatics. 1998.

［53］KELSALL P C,CASE J B,CHABANNES C R. Evaluation of excavation-induced changes in rock permeability［J］. International journal of rock mechanics and mining sciences & geomechanics abstracts,1984,21(3)：123-135.

［54］SUI L L,JU Y,YANG Y M,et al. A quantification method for shale fracability based on analytic hierarchy process［J］. Energy,2016,115：637-645.

［55］VADAPALLI U,SRIVASTAVA R P,VEDANTI N,et al. Estimation of permeability of a sandstone reservoir by a fractal and Monte Carlo simulation approach：a case study［J］. Nonlinear processes in geophysics,2014,21(1)：9-18.

［56］ZHAO W C,CHI A. The study of permeability change of fractal under fracturing basing on damage theory［C］//ICIE：Proceedings of the 2010 WASE International Conference on Information Engineering,2010：92-95.

［57］许江,彭守建,尹光志,等.含瓦斯煤热流固耦合三轴伺服渗流装置的研制及应用［J］.岩石力学与工程学报,2010,29(5)：907-914.

［58］张钦刚.煤岩粗糙裂隙结构渗流性质的实验与LBM模拟研究［D］.北京：中国矿业大学(北京),2016.

［59］ARIZA-MONTOBBIO P,FARRELL K N,GAMBOA G,et al. Integrating energy and land-use planning：socio-metabolic profiles along the rural-urban continuum in Catalonia（Spain）［J］. Environment, development and sustainability,2014,16(4)：925-956.

［60］隋丽丽,彭国荣,于健,等.量化分形图形的新指数：简便分形指数［J］.数学的实践与认识,2018,48(1)：155-161.

［61］JIANG B. A recursive definition of goodness of space for bridging the concepts of space and place for sustainability［J］. Sustainability,2019,11(15)：4091.

［62］ JAING B. Living structure down to earth and up to heaven：Christopher Alexander ［J］. Urban science，2019，3(3)：96.

［63］ JAFARI A，BABADAGLI T. Estimation of equivalent fracture network permeability using fractal and statistical network properties［J］. Journal of petroleum science and engineering，2012，92/93：110-123.

第 7 章　岩石裂隙网络分形维数
与渗透率的关系初步探寻

　　分形维数在工程中的应用目的是对复杂结构图形或状态给出一个量化指标,对其进行刻画的同时,找寻与其他特征参数的关联关系,从而对关键工程问题进行预测。在研究岩石裂隙力学、输运特性等问题时,岩石裂隙网络是油气资源的运移通道及储聚场所,在一定压差下,流体沿储层岩石某一方向的流动状况,决定着油藏布井方式、井距大小、水平井水平段延展方向、人工压裂方案等,即渗透率是判断油气储量、开采方式及开采能力的重要指标。储层岩石渗透率最重要的一个影响因素是岩石裂隙网络结构,与所通过流体的性质无关。由于岩石材料内部裂隙分布的复杂性,很难对其进行全面的描述,宏观上对裂隙网络的量化成了一个非常重要的课题,也成了研究岩石渗透率等问题的有力工具和重要手段。如能建立能够简便算出的岩石裂隙网络的分形维数与渗透率的关联关系,并根据此关系,利用分形维数对岩石储层的渗透率进行预测,将对油气资源开采潜力及方式有指导作用。

　　本章利用格子玻尔兹曼方法(LBM)模拟速度场,拟合渗透率,探索前文中提出的裂隙网络分形维数量化指标与渗透率的直接关联关系。

7.1　格子玻尔兹曼方法简介

7.1.1　流体问题计算方法演变

　　计算方法已经成为研究和探索物理、化学现象以及解决实际工程问题的强大技术,特纳(Turner)等在 1956 年首次将有限元法(FEM)应用于解决结构问题。在 20 世纪 60 年代后期,有限元法成为求解偏微分方程、传热和流体动力学问题的一种强大的技术。同一时期,有限差分法(FDM)也被提出用于求解流体动力学问题。1980 年,帝国理工学院提出了有限体积法(FVM),主要用于求解流体动力学问题。自那时起,FVM 被广泛用于解决传输现象问题。事实上,有限差分法、有限元法和有限体积法属于同一类的加权残差法,这些方法之间的唯一区别是基函数和加权函数的本质。格子玻尔兹曼方法是在 1988 年麦克纳马拉(McNamara)和扎内提(Zanetti)为解决气体元胞自动机缺陷问题而提出的,从那时起,LBM 作为一种解决流体动力学问题的替代方法而出现。在传统的计算流体动力学(CFD)方法中,Navier-Stokes(NS)方程用于求解离散节点、单元或体积上的质量、动量和能量守恒方程。即将非线性偏微分方程转化为一组非线性代数方程,迭代求解。LBM 可以看作一种显式方法,碰撞和流动过程是局部的,因此它可以自然地在并行处理机上编程。LBM 的另一个优点是可以处理像移动边界(多相,凝固和熔化问题)的复杂现象,而不需要像在 CFD 中那样使用人脸跟踪方法。在 LBM 中,流体被离散颗粒所代替。这些粒子沿着给定的方向流动(晶格连接)并在晶格点碰撞。该方法继承了格子气体自动机的主要原理,是 30 多年来国际上发展起来的一种流体系统建模和模拟新方法,为流体力学的研究带来了新思路。

7.1.2 LBM 方程

LBM 的基本量是速度离散分布函数 $f_i(x,t)$,通常也被称为粒子数量。它代表了 t 时刻在点 x 处,速度为 $c_i=(c_{ix},c_{iy},c_{iz})$ 的粒子密度;同样地,(x,t) 处的质量密度 ρ,以及动量密度 ρu 可由加权和 f_i 的矩得到:

$$\rho(x,t)=\sum_i f_i(x,t),\rho u(x,t)=\sum_i c_i f_i(x,t) \tag{7-1}$$

f_i 和连续分布函数 f 的主要区别是 f_i 的所有参数变量都是离散的。c_i 是小的离散速度集 $\{c_i\}$ 中的元素。f_i 定义的点 x 在空间中位置构成一个正方形格子,间距是 Δx。此外,f_i 仅在特定时间 t 有定义,时间间隔为 Δt。

时间间隔 Δt 和格子空间间隔 Δx 分别代表任意组单元的时间分辨率和空间分辨率。关于其单位,一种可能的选择是国际单位制,其中 Δt 以秒计,Δx 以米计,另一种可能的选择是英制单位。然而在相关文献中,最常见的选择是格子单位,一组简单的定义单位尺度是 $\Delta t=1$,$\Delta x=1$。在格子单位和物理单位间转换变量就像在国际单位制和英制单位间转换变量一样容易。

离散速度 c_i 需要更进一步来解释,它们和相关权重 w_i 组成了速度集 $\{c_i,w_i\}$,不同的速度集被用于不同的目的。这些速度集通常记为 DdQq,其中,d 是速度集覆盖的空间维数,q 是速度集的个数。

用来求解 Navier-Stokes 方程最常用的速度集有 D1Q3,D2Q9,D3Q15,D3Q19 以及 D3Q27,其形态及特征描述如图 7-1(图中,用实线画出的正方形边长是 $2\Delta x$。其中,速度模长是 1 的用粗线标记,速度模长是 $\sqrt{2}$ 的用细线标记。其他的速度是 $\mathbf{0}$ 向量的没有展示出来。更多细节如表 7-1 至表 7-3 所示)、图 7-2(图中,用实线标记的立方体边长是 $2\Delta x$。其中,速度模长是 1 的用粗线标记,速度模长是 $\sqrt{2}$ 和 $\sqrt{3}$ 的用细线标记。其他的速度是 $\mathbf{0}$ 向量的没有展示出来。注意 D3Q15 没有模长是 $\sqrt{2}$ 的速度分量,D3Q19 没有模长是 $\sqrt{3}$ 的速度分量。更多细节见表 7-1,以及表 7-4 至表 7-6)以及表 7-1 所示,速度分量及权重数据如表 7-2 至表 7-6 所示。

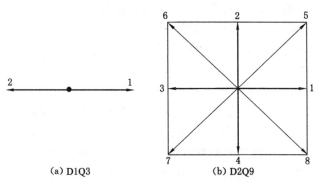

(a) D1Q3   (b) D2Q9

图 7-1 D1Q3、D2Q9 速度集

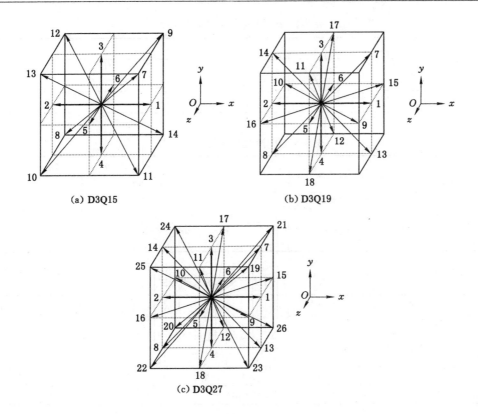

图 7-2 D3Q15、D3Q19 以及 D3Q27 速度集

表 7-1 适用于 Navier-Stokes 模拟的最常用速度集的性质[1-2]

模式	速度分量 c_i	个数/个	长度	权重 w_i
D1Q3	(0)	1	0	$2/3$
	(± 1)	2	1	$1/6$
D2Q9	$(0,0)$	1	0	$4/9$
	$(\pm 1,0),(0,\pm 1)$	4	1	$1/9$
	$(\pm 1,\pm 1)$	4	$\sqrt{2}$	$1/36$
D3Q15	$(0,0,0)$	1	0	$2/9$
	$(\pm 1,0,0),(0,\pm 1,0),(0,0,\pm 1)$	6	1	$1/9$
	$(\pm 1,\pm 1,\pm 1)$	8	$\sqrt{3}$	$1/72$
D3Q19	$(0,0,0)$	1	0	$1/3$
	$(\pm 1,0,0),(0,\pm 1,0),(0,0,\pm 1)$	6	1	$1/18$
	$(\pm 1,\pm 1,0),(\pm 1,0,\pm 1)$	12	$\sqrt{2}$	$1/36$
D3Q27	$(0,0,0)$	1	0	$8/27$
	$(\pm 1,0,0),(0,\pm 1,0),(0,0,\pm 1)$	6	1	$2/27$
	$(\pm 1,\pm 1,0),(\pm 1,0,\pm 1),(0,\pm 1,\pm 1)$	12	$\sqrt{2}$	$1/54$
	$(\pm 1,\pm 1,\pm 1)$	8	$\sqrt{3}$	$1/216$

表 7-2 D1Q3 速度集的显式形式

i	0	1	2
w_i	$\frac{2}{3}$	$\frac{1}{6}$	$\frac{1}{6}$
c_{ix}	0	+1	−1

表 7-3 D2Q9 速度集的显式形式

i	0	1	2	3	4	5	6	7	8
w_i	$\frac{4}{9}$	$\frac{1}{9}$	$\frac{1}{9}$	$\frac{1}{9}$	$\frac{1}{9}$	$\frac{1}{36}$	$\frac{1}{36}$	$\frac{1}{36}$	$\frac{1}{36}$
c_{ix}	0	+1	0	−1	0	+1	−1	−1	+1
c_{iy}	0	0	+1	0	−1	+1	+1	−1	−1

表 7-4 D3Q15 速度集的显式形式

i	0	1	2	3	4	5	6	7	8	9	10	11	12	13	14
w_i	$\frac{2}{9}$	$\frac{1}{9}$	$\frac{1}{9}$	$\frac{1}{9}$	$\frac{1}{9}$	$\frac{1}{9}$	$\frac{1}{9}$	$\frac{1}{72}$	$\frac{1}{72}$	$\frac{1}{72}$	$\frac{1}{72}$	$\frac{1}{72}$	$\frac{1}{72}$	$\frac{1}{72}$	$\frac{1}{72}$
c_{ix}	0	+1	−1	0	0	0	0	+1	−1	+1	−1	+1	−1	−1	+1
c_{iy}	0	0	0	+1	−1	0	0	+1	−1	+1	−1	−1	+1	+1	−1
c_{iz}	0	0	0	0	0	+1	−1	+1	−1	−1	+1	+1	−1	+1	−1

表 7-5 D3Q19 速度集的显式形式

i	0	1	2	3	4	5	6	7	8	9
w_i	$\frac{1}{3}$	$\frac{1}{18}$	$\frac{1}{18}$	$\frac{1}{18}$	$\frac{1}{18}$	$\frac{1}{18}$	$\frac{1}{18}$	$\frac{1}{36}$	$\frac{1}{36}$	$\frac{1}{36}$
c_{ix}	0	+1	−1	0	0	0	0	+1	−1	+1
c_{iy}	0	0	0	+1	−1	0	0	+1	−1	0
c_{iz}	0	0	0	0	0	+1	−1	0	0	+1
i	10	11	12	13	14	15	16	17	18	
w_i	$\frac{1}{36}$	$\frac{1}{36}$	$\frac{1}{36}$	$\frac{1}{36}$	$\frac{1}{36}$	$\frac{1}{36}$	$\frac{1}{36}$	$\frac{1}{36}$	$\frac{1}{36}$	
c_{ix}	−1	0	0	+1	−1	+1	−1	0	0	
c_{iy}	0	+1	−1	−1	+1	0	0	+1	−1	
c_{iz}	−1	+1	−1	0	0	−1	+1	−1	+1	

表 7-6 D3Q27 速度集的显式形式

i	0	1	2	3	4	5	6	7	8	9	10	11	12	13
w_i	$\frac{8}{27}$	$\frac{2}{27}$	$\frac{2}{27}$	$\frac{2}{27}$	$\frac{2}{27}$	$\frac{2}{27}$	$\frac{2}{27}$	$\frac{1}{54}$	$\frac{1}{54}$	$\frac{1}{54}$	$\frac{1}{54}$	$\frac{1}{54}$	$\frac{1}{54}$	$\frac{1}{54}$
c_{ix}	0	+1	−1	0	0	0	0	+1	−1	+1	−1	0	0	+1
c_{iy}	0	0	0	+1	−1	0	0	+1	−1	0	0	+1	−1	−1
c_{iz}	0	0	0	0	0	+1	−1	0	0	+1	−1	+1	−1	0

表 7-6(续)

i	14	15	16	17	18	19	20	21	22	23	24	25	26	
w_i	$\frac{1}{54}$	$\frac{1}{54}$	$\frac{1}{54}$	$\frac{1}{54}$	$\frac{1}{54}$	$\frac{1}{216}$	$\frac{1}{216}$	$\frac{1}{216}$	$\frac{1}{216}$	$\frac{1}{216}$	$\frac{1}{216}$	$\frac{1}{216}$	$\frac{1}{216}$	
c_{ix}	-1	$+1$	-1	0	0	$+1$	-1	$+1$	-1	-1	$+1$	$+1$	-1	
c_{iy}	$+1$	0	0	$+1$	-1	$+1$	-1	$+1$	-1	-1	$+1$	$+1$	-1	
c_{iz}	0	-1	$+1$	-1	$+1$	$+1$	-1	-1	$+1$	$+1$	-1	$+1$	-1	

通常,我们希望使用尽可能小的速度集以使内存和计算需求最小化。然而,在较小的速度集之间存在一个折中集,如三维空间中有 D3Q15 和更高精度的 D3Q27,而最常用的速度集是折中的 D3Q19。

通过在速度空间、物理空间和时间上离散玻尔兹曼方程,我们得到了格点玻尔兹曼方程:

$$f_i(x + c_i\Delta t, t + \Delta t) = f_i(x,t) + \Omega_i(x,t) \tag{7-2}$$

这表示速度为 c_i 的粒子在下一个时间步 $t + \Delta t$ 移动到相邻点 $x + c_i\Delta t$。同时,粒子受碰撞算子 Ω_i 的影响。这个算子通过在每个位置的粒子群间重新分布粒子来模拟粒子碰撞。有很多碰撞算子,其中可以用于 Navier-Stokes 模拟的是 BGK(Bhatnagar-Gross-Krook)算子:

$$\Omega_i(f) = \frac{f_i - f_i^{\text{eq}}}{\tau}\Delta t \tag{7-3}$$

它以松弛时间 τ 决定的速率将粒子群松弛到一个平衡态 f_i^{eq}。平衡态分布函数为:

$$f_i^{\text{eq}}(x,t) = w_i\rho\left[1 + \frac{u \cdot c_i}{c_s^2} + \frac{(u \cdot c_i)^2}{2c_s^4} - \frac{u \cdot u}{2c_s^2}\right] \tag{7-4}$$

式中,w_i 是速度集的权重。平衡态和 f_i 有相同的力矩,即 $\sum_i f_i^{\text{eq}} = \sum_i f_i = \rho$ 且 $\sum_i c_i f_i^{\text{eq}} = \sum_i c_i f_i = \rho u$。由松弛时间表示的运动黏度为:$\nu = c_s^2(\tau - \frac{\Delta t}{2})$。带 BGK 算子的包含粒子的碰撞与扩散两个过程的离散玻尔兹曼方程为:

$$f_i(x + c_i\Delta t, t + \Delta t) = f_i(x,t) - \frac{\Delta t}{\tau}[f_i(x,t) - f_i^{\text{eq}}(x,t)] \tag{7-5}$$

7.1.3　LBM 的简单编程实现

基于 BGK 算子的 LBM 编程流程如图 7-3 所示。

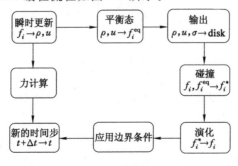

图 7-3　LBM 编程流程

流动问题计算步骤[3]：

① 对于所要计算的问题选定一种物质的物性参数，然后根据相应的运动黏度 ν 及给定的雷诺数 Re，计算出运动的特征速度。

② 对研究区域进行网格划分。

③ 假定初始的宏观量 ρ、u 分布，假定初始的密度分布函数，对各网格点赋初值。

④ 计算出各网格点的平衡态分布函数，根据离散后的碰撞公式和迁移公式计算下一时间步上的密度分布函数；对边界条件作相应的处理。

⑤ 计算出下一时刻的宏观量 ρ、u。

⑥ 反复循环到迭代收敛。

7.2 岩石渗透率的格子玻尔兹曼方法模拟计算

本节利用 LBM 模拟液体速度场，根据达西定律计算渗透率，探寻渗透率与分形维数间的关系。

图 7-4 为第 6 章图 6-10 中具有分形特征的 5 幅二维岩石裂隙网络图。利用不需要分类讨论的式(6-24)量化上述图形，头尾分割数据如表 6-8 所示。

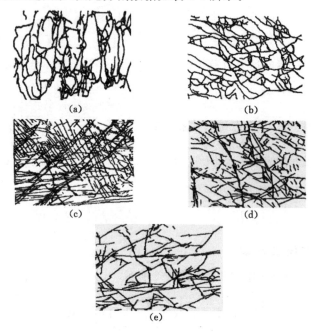

图 7-4 二维岩石裂隙网络图片

此处，利用 LBM 模拟速度场，根据达西定律计算渗透率，探寻渗透率与分形维数间的关系，表 7-7 中渗透率无量纲。

由表 7-7 可知，分形维数较接近的图 7-4(a)、图 7-4(b)和图 7-4(d)，渗透率也比较相近；分形维数较大的图 7-4(c)图 7-4(e)，其渗透率也较大。这说明图 6-10 中的后 9 幅图的分形维数与渗透率整体呈正相关关系，即分形维数越大，渗透率越大。由本书的研究结果可见，尽管有效孔隙率、裂隙方向、尺寸、密度及其分布参数都对渗透率有影响,但渗透率在宏观上与计算方法改进后的分形维数呈正相关关系。

表 7-7　图 7-4 的分形维数及渗透率

	分形维数	渗透率
图 7-4(a)	1.23	0.12
图 7-4(b)	1.15	0.13
图 7-4(c)	1.37	0.32
图 7-4(d)	1.24	0.11
图 7-4(e)	1.43	0.31

参 考 文 献

[1] QIAN Y H,HUMIÈRES D,LALLEMAND P. Lattice BGK models for navier-stokes equation[J]. EPL,1992,17(6):479-484.

[2] SUCCI S. The lattice boltzmann equation:for fluid dynamics and beyond[M]. Oxford: Oxford University Press,2001.

[3] JAFARI A,BABADAGLI T. Estimation of equivalent fracture network permeability using fractal and statistical network properties[J]. Journal of petroleum science and engineering,2012,92/93:110-123.